EXAMPRESS®

LPICレベル2
201
スピードマスター問題集
Version4.0対応

有限会社ナレッジデザイン　大竹龍史

本書内容に関するお問い合わせについて

このたびは翔泳社の書籍をお買い上げいただき、誠にありがとうございます。弊社では、読者の皆様からのお問い合わせに適切に対応させていただくため、以下のガイドラインへのご協力をお願い致しております。下記項目をお読みいただき、手順に従ってお問い合わせください。

●ご質問される前に

弊社Webサイトの「正誤表」をご参照ください。これまでに判明した正誤や追加情報を掲載しています。

　　　　　正誤表　http://www.shoeisha.co.jp/book/errata/

●ご質問方法

弊社Webサイトの「刊行物Q&A」をご利用ください。

　　　　　刊行物Q&A　http://www.shoeisha.co.jp/book/qa/

インターネットをご利用でない場合は、FAXまたは郵便にて、下記"翔泳社 愛読者サービスセンター"までお問い合わせください。
電話でのご質問は、お受けしておりません。

●回答について

回答は、ご質問いただいた手段によってご返事申し上げます。ご質問の内容によっては、回答に数日ないしはそれ以上の期間を要する場合があります。

●ご質問に際してのご注意

本書の対象を越えるもの、記述個所を特定されないもの、また読者固有の環境に起因するご質問等にはお答えできませんので、予めご了承ください。

●郵便物送付先および FAX 番号

送付先住所　〒160-0006　東京都新宿区舟町5
FAX番号　　03-5362-3818
宛先　　　　（株）翔泳社 愛読者サービスセンター

※著者および出版社は、本書の使用による Linux 技術者認定試験の合格を保証するものではありません。
※本書に記載された URL 等は予告なく変更される場合があります。
※本書の出版にあたっては正確な記述に努めましたが、著者および出版社のいずれも、本書の内容に対してなんらかの保証をするものではなく、内容やサンプルに基づくいかなる運用結果に関してもいっさいの責任を負いません。
※本書に掲載されている画面イメージなどは、特定の設定に基づいた環境にて再現される一例です。
※本書に記載されている会社名、製品名はそれぞれ各社の商標および登録商標です。
※本書では ™、®、© は割愛させていただいております。

■ はじめに

　LPIC（エルピック）は、NPO法人/Linux技術者認定機関「LPI」（本部：カナダ）が実施している全世界共通のLinux技術者認定制度です。

　LPIC Level2はシステム管理、サーバ管理、ネットワーク管理のスキルを認定するものであり、本書はその試験対策用書籍です。Linuxの経験者を対象にしており、基本的には各章ごとに項目が独立していますが、関連のある項目は詳細がどこに記載されているかを明示しているので、途中で知らないことが出てきても、再度読み直すことで理解が深まると思います。

　本書では試験の内容をそのまま実務でも活用できるよう、設定/確認の手順をできる限り掲載し、また、試験問題と最新ディストリビューションでバージョンによる違いがある場合は両方に対応できるよう、解説を併記しました。

　本試験は、基本的にコンピュータベースドテスト（CBT）で実施されます。したがって試験範囲となる用語やコマンドなどは、ある程度暗記しておく必要はありますが、闇雲に暗記するのではなく、ぜひご自身の環境で実行・確認等しながら読みすすめていただければと思います。

　また、本書では問題ごとに重要度を掲載しているので、参考にしてください。受験日の直前対策として、星3個の問題、および巻末問題は繰り返し確認することをおすすめいたします。また、章問題の中には、類似問題の対策ポイントを「あわせてチェック!」として掲載しているので、読み落とさないようにしてください。

　本書を通じて、試験合格だけでなくLinuxのスキルを高める手助けになることを願っております。

　最後に本書の出版にあたり、ナレッジデザインの各メンバにはスケジュール管理から原稿の校正、編集に至るまで、多大な支援を頂きました。山本道子さん、市来秀男さん、和田佳子さん、菊池利香さん、心より感謝しております。また、株式会社翔泳社の野口亜由子様をはじめ編集の皆様にこの場をお借りして御礼申し上げます。

2015年3月

大竹 龍史

■ LPI 認定試験の概要

「LPIC」は、NPO法人/Linux技術者認定機関「LPI」が実施している全世界共通・世界最大規模・最高品質の「Linux技術者認定制度」です。

LPICの大きな特長として、以下の3点が挙げられます。

1. GLOBAL 世界標準資格
2. NEUTRAL 中立・公正
3. STANDARD 世界最大規模

LPI認定の種類と試験科目

LPI認定は、レベル1からレベル3まで3段階に分かれており、レベルが上がるに従って難易度は高くなります。レベル1は初級者、レベル2は中級者、レベル3は上級者とみなすことができます。Linux経験年数の目安としては、レベル1では半年〜1年程度、レベル2では3〜4年程度とされています。認定はレベル順に取得する必要があり、レベル2の認定には有意なレベル1の認定が、レベル3の認定には有意なレベル2の認定が必要です。

表1 LPICの試験体系（2015年3月現在）

認定名	試験の正式名称	レベル
LPICレベル1	101試験：LPI Level1 Exam 101 102試験：LPI Level1 Exam 102	サーバの構築、運用・保守
LPICレベル2	201試験：LPI Level2 Exam 201 202試験：LPI Level2 Exam 202	ネットワークを含む、コンピュータシステムの構築、運用・保守
LPICレベル3 「Specialty」	LPI 300 Mixed Environment Exam	各分野の最高レベルの技術力を持つ専門家レベル
	LPI 303 Security Exam	
	LPI 304 Virtualization & High Availability Exam	

レベル1およびレベル2の認定を取得するには、各レベルで必要とされる2つの試験に合格しなければなりません。LPI認定レベル2の取得には、LPIC-1の認定を取得した上でLPI Level2 Exam 201（201試験）とLPI Level2 Exam 202（202試験）に合格する必要があります。レベル3「LPIC Level3 Specialty」に認定されるためには、300試験、303試験、304試験のいずれか1つの試験に合格する必要があります。

レベル2の概要と出題範囲

■ レベル 2 の概要と出題範囲

　LPICレベル2に認定されるためには201試験と202試験に合格する必要があります。また、レベル2は2014年1月1日よりVer4.0になっています。Ver4.0の試験概要および出題範囲は下記のとおりです(2015年3月現在の情報に基づいています)。

表2　201試験の概要

出題数	約60問
制限時間	90分
合格に必要な正答率	65%前後
試験範囲	主題200：キャパシティプランニング 主題201：Linuxカーネル 主題202：システムの起動 主題203：ファイルシステムとデバイス 主題204：高度なストレージ管理 主題205：ネットワーク構成 主題206：システムの保守

表3　202試験の概要

出題数	約60問
制限時間	90分
合格に必要な正答率	65%前後
試験範囲	主題207：ドメインネームサーバ 主題208：Webサービス 主題209：ファイル共有 主題210：ネットワーククライアントの管理 主題211：電子メールサービス 主題212：システムのセキュリティ

　LPI認定試験では、それぞれの課題に重要度が付けられています。
　レベル2試験の各課題の重要度は、次のとおりです。試験範囲等は変更される可能性があるため、　受験する際にはLPIのWebサイト(http://www.lpi.or.jp/lpic2/range/)で確認してください。

v

表4 201試験の課題と重要度

主題	課題	重要度
主題200： キャパシティプランニング	1 リソースの使用率の測定とトラブルシューティング	6
	2 将来のリソース需要を予測する	2
主題201： Linuxカーネル	1 カーネルの構成要素	2
	2 Linuxカーネルのコンパイル	3
	3 カーネル実行時における管理とトラブルシューティング	4
主題202： システムの起動	1 SysV-initシステムの起動をカスタマイズする	3
	2 システムのリカバリ	4
	3 その他のブートローダ	2
主題203： ファイルシステムとデバイス	1 Linuxファイルシステムを操作する	4
	2 Linuxファイルシステムの保守	3
	3 ファイルシステムを作成してオプションを構成する	2
主題204： 高度なストレージ管理	1 RAIDを構成する	3
	2 記憶装置へのアクセス方法を調整する	2
	3 論理ボリュームマネージャ	3
主題205： ネットワーク構成	1 基本的なネットワーク構成	3
	2 高度なネットワーク構成	4
	3 ネットワークの問題を解決する	4
主題206： システムの保守	1 ソースからプログラムをmakeしてインストールする	2
	2 バックアップ操作	3
	3 システム関連の問題をユーザに通知する	1

表5 202試験の課題と重要度

主題	課題	重要度
主題207： ドメインネームサーバ	1 DNSサーバの基本的な設定	3
	2 DNSゾーンの作成と保守	3
	3 DNSサーバを保護する	2
主題208： Webサービス	1 Apacheの基本的な設定	4
	2 HTTPS向けのApacheの設定	3
	3 キャッシュプロキシとしてのSquidの実装	2
	4 WebサーバおよびリバースプロキシとしてのNginxの実装	2
主題209： ファイル共有	1 Sambaサーバの設定	5
	2 NFSサーバの設定	3
主題210： ネットワーククライアントの管理	1 DHCPの設定	2
	2 PAM認証	3
	3 LDAPクライアントの利用方法	2
	4 OpenLDAPサーバの設定	4

主題	課題	重要度
主題211： 電子メールサービス	1　電子メールサーバの使用	4
	2　ローカルの電子メール配信を管理する	2
	3　リモートの電子メール配信を管理する	2
主題212： システムのセキュリティ	1　ルータを構成する	3
	2　FTPサーバの保護	2
	3　セキュアシェル (SSH)	4
	4　セキュリティ業務	3
	5　OpenVPN	2

受験の申し込みから結果の確認まで

受験の申し込み

　LPIC受験の申込は、試験配信会社(テストセンター)の「ピアソンVUE」で行います。受験予約の際には、LPICレベル1の受験の際に既に取得しているLPI-IDが必要です。予約の方法は、①Webサイトから予約する、②電話で予約するの2種類があります。なお、団体受験用にペーパーテスト(PBT)も用意されています。

　詳細は、下記に記載してありますので確認しましょう。

http://www.lpi.or.jp/app/registration.shtml

受験

　試験会場には、試験開始時間の15分前までに到着するようにします。到着したら受付手続きを済ませてください。受付では、運転免許証、パスポートなどの身分証明書が必要になります。試験時間になったら、担当者の指示でテストルームに入ります。テストルームには、本、鞄、筆記具、携帯電話などはいっさい持ち込むことができないので、あらかじめ試験会場内のロッカーに預けておきます。

　テストルームに入ったら、指定された席に着いてください。席にはノートボードとペンが用意されており、試験中にメモをとるときなどに使うことができます。コンピュータの画面には受験する試験が表示されています。監督官の指示に沿い、画面の指示に従って試験を始めてください。

試験の終了と採点

試験が終了すると、すぐに得点と合否が表示されます。試験が終了して退出すると
きには、ノートボードとペンは席に残していかなければなりません。試験結果のレポート
は印刷されているので、受付で受け取ってください（試験会場により受け取り場所が異
なることがあります）。

再受験（リテーク）ポリシー

不合格の場合は、再試験を受ける際のリテークポリシーに注意してください。同一
科目を受験する際、2回目の受験については、受験日の翌日から起算して7日目以降（土
日含む）より可能となります。3回目以降の受験については、最後の受験日の翌日から起
算して30日目以降より可能となります。詳しくはLPIのWebページで確認してください。

試験に合格したら

201試験と202試験の両方に合格すると、1～2か月後に認定証が郵送されてきます。
試験終了後、特に手続きをする必要はありません。

なお、LPI認定には有効期限がありません。一度合格すれば再試験を受ける必要
はありませんが、最新の技術動向に対応できているかどうかの判断基準として、有意性
の期限（5年）が定められています。認定日から5年以内に、同一レベルの認定を再取
得もしくは上位レベルを取得することで、「ACTIVE」な認定ステータスを維持すること
ができます。詳しくはLPIのWebページで確認してください。

・詳しい内容についてのお問い合わせ
　特定非営利活動法人　OSS／Linux技術者認定機関
　エルピーアイジャパン(LPI-Japan)事務局
　TEL：03-3568-4482　FAX：03-3568-4483
　http://www.lpi.or.jp　E-mail:info@lpi.or.jp

・受験の申込についてのお問い合わせ
　ピアソンVUE
　http://www.vue.com/japan/
　TEL：0120-355-173（受付時間：祝祭日を除く月～金曜日　9:00～18:00）

■ 本書の使い方

　本書は、LPICレベル2の認定に必要な試験のうち、201試験に対応した問題集で、本番試験に近い形の練習問題形式で構成されています。各章は試験範囲となる項目を順序だてて説明していますので、レベル2を初めて受験される方は、201試験の第1章からじっくりと読み進めてください。

　また、各問題の試験における重要度を星の数で表示しています。試験傾向をすばやく把握されたい方、また試験の直前対策には、星3個の問題および模擬試験問題を重点的に確認することをおすすめします。章問題の中には、類似問題の対策ポイントを「あわせてチェック!」として掲載しているので、読み落とさないようにしてください。

　また、本書では試験対策のみならず、実現場で役立つ情報も本文および参考で記載していますので、ご一読ください。

環境の前提条件

　本書で使用しているユーザ、パスワード、ホームディレクトリは右表のとおりです。

ユーザ名	パスワード	ホームディレクトリ
root	pass0	/root
yuko	pass1	/home/yuko
ryo	pass2	/home/ryo
mana	pass3	/home/mana

本書記載内容に関する制約について

本書は、「LPI認定試験(LPIC)」の「LPI Level2 Exam 201」に対応した学習書です。LPIは、特定非営利活動法人/Linux技術者認定機関「LPI」(以下、主催者)が運営する資格制度に基づく試験であり、下記のような特徴があります。

① 出題範囲および出題傾向は主催者によって予告なく変更される場合がある。
② 試験問題は原則、非公開である。

本書の内容は、その作成に携わった著者をはじめとするすべての関係者の協力(実際の受験を通じた各種情報収集/分析など)により、可能な限り実際の試験内容に則すよう努めていますが、上記①・②の制約上、その内容が試験の出題範囲および試験の出題傾向を常時正確に反映していることを保証するものではありませんので、あらかじめご了承ください。

目次

1章 キャパシティプランニング・・・・・・・・・・・・・・・・・・・・・・・・・・・・ 1

2章 Linuxカーネル・・・・・・・・・・・・・・・・・・・・・ 17

3章 システムの起動・・・・・・・・・・・・・・・・・・・・ 45

4章 ファイルシステム・・・・・・・・・・・・・・・・・・・・ 73

5章 高度なストレージとデバイスの管理・・・・・・・・・・・・ 113

6章 ネットワークの構成・・・・・・・・・・・・・・・・・・・ 141

7章 システムの保守・・・・・・・・・・・・・・・・・・・・・・・・・ 177

模擬試験・・・・・・・・・・・・・・・・・・・・・・・・・・・・・・・・・・ 205

姉妹書のお知らせ

本書の姉妹書として、『[ワイド版] Linux 教科書 LPIC レベル 2 202 スピードマスター問題集 Version4.0 対応』(ISBN978-4-7981-4583-9) がオンデマンドで刊行されています。ぜひご活用ください。

201試験

1章

キャパシティ
プランニング

本章のポイント

❖キャパシティプランニング

Linuxオペレーティングシステムのリソースの使
用状況の調査、ボトルネックの特定、現状のシ
ステムの問題解決とリソース需要の予測につい
て利用できるコマンドの使い方を理解します。

重要キーワード

コマンド：`vmstat`、`top`、`uptime`、`sar`、
　　　　　`sadf`、`collectd`、`lsof`、`pstree`

| 問題 | **1-1** | 重要度 《★★★》 : □ □ □ |

リソースの使用量／使用率の調査結果はどのように利用できますか？　最も適切なものを3つ選択してください。

    A. システム拡張時のキャパシティプランニングに利用する
    B. 将来のリソース需要を予測する
    C. 現状のシステムの問題を解決する
    D. アプリケーションの不具合を解決する

《解説》キャパシティプランニングとは、新規あるいは改変するシステムに求められる処理能力（Capacity）を実現するために、システムをどのように構成するかを計画する（Planning）ことです。

既存システムでのリソースの使用量／使用率を調査し、新規システムに予想される負荷を検討することにより新規システムの構成（CPU、メモリ、ストレージ、ネットワークなどについての個数、処理速度、容量、帯域幅など）を計画します。したがって、選択肢Aは正解です。

現在のリソースの使用量／使用率を調査することにより、将来のリソース需要を予測することできます。したがって選択肢Bは正解です。

リソースの使用量／使用率を調査することにより、その使用量／使用率が限界に近づくか、あるいは到達した場合に発生するシステムの問題を発見し、解決する手がかりとなります。したがって、選択肢Cは正解です。

アプリケーション自体の不具合はシステムの問題とはほとんど関係がないので、選択肢Dは誤りです。

LPIC 201試験のキャパシティプランニングの範囲からは、主にリソースの使用量／使用率を調べるためのコマンドやツールについての問題が出題されます。

コマンドについては、問題1-2以降を参照してください。

ツール

ツール名	説明
Nagios	ネットワーク上のホストの状態を監視するソフトウェア。結果はブラウザにグラフ表示する http://www.nagios.org/
MRTG	Multi Router Traffic Grapher。ネットワーク機器のトラフィックを監視し、そのグラフ画像を生成するソフトウェア。画像はWebサーバ経由でブラウザに表示できる http://oss.oetiker.ch/mrtg/
Cacti	ネットワーク上のホストのトラフィックやシステム統計情報を収集するソフトウェア。RRD（Round Robin Database）形式のデータを介してブラウザにグラフ表示できる http://www.cacti.net/

《答え》A、B、C

201試験

問題 1-2　　重要度 《★★★》 ☐ ☐ ☐

1章

キャパシティプランニング

以下の表示はvmstatを実行した結果の抜粋です。表示結果についての説明で適切なものはどれですか？　2つ選択してください。

実行例

```
procs -----------memory---------- ---swap-- -----io---- -system-- -----cpu-----
 r  b  swpd    free   buff  cache  si   so    bi    bo    in    cs us sy id wa st
 2  1     0 1534044 121500 774112   0    0  6151   732  3868 62594 30 11 45 15  0
```

A. カーネルコード実行の割合は11%である

B. I/O待ちの割合は15%である

C. 仮想マシンが使用した割合は45%である

D. アイドル時間の割合は0%である

《**解説**》vmstatコマンドはプロセスの状態（procs）、メモリの使用状況（memory）、スワッピングの状況（swap）、ブロックI/Oの状況（io）、インタラプトやコンテキストスイッチの回数（system）、CPU稼働状況（cpu）を表示します。引数に実行間隔と実行回数を指定できます。

構文　vmstat ［オプション］［実行間隔（秒数）］［実行回数］

表示結果の内容

フィールド	説明
procs	r（runnable：ラン可能）- 待ち状態となっている実行可能プロセス数 b（blocked：ブロック）- 割り込みできないスリープ状態となっているプロセス数
memory	swpd - 使用されているスワップの量 free - 未使用のメモリの量 buff - 使用されているバッファの量 cache - 使用されているキャッシュの量
swap	si（swap in：スワップイン）- スワップからメモリに読み込まれた1秒間の平均量 so（swap out：スワップアウト）- メモリからスワップに書き出された1秒間の平均量
io	bi（block in：ブロックイン）- デバイスから読み込まれたブロックの1秒間の平均量 bo（block out：ブロックアウト）- デバイスに書き出されたブロックの1秒間の平均量
system	in（interrupt：インタラプト）- 1秒あたりの割り込み回数 cs（context switch：コンテキストスイッチ）- 1秒あたりのコンテキストスイッチの回数
cpu	us（user：ユーザ）- ユーザ時間の割合 sy（system：システム）- カーネル時間の割合 id（idle：アイドル）- アイドル時間の割合 wa（wait：待ち）- I/O待ち時間の割合 st（stolen：ストールン）- 仮想マシンに与えた時間の割合

cpuのsyフィールドの値が11なので選択肢Aは正解です。cpuのwaフィールドの値が15なので選択肢Bは正解です。cpuのstフィールドの値が0なので選択肢Cは誤りです。cpuのidフィールドの値が45なので選択肢Dは誤りです。

3

《答え》A、B

問題 1-3　　　　　　　　　　重要度《★★★》：□□□

以下の表示はvmstatを実行した結果の抜粋です。表示結果についての説明で適切なもの
はどれですか？　3つ選択してください。

実行例

```
$ vmstat
procs -----------memory---------- ---swap-- -----io---- --system-- -----cpu-----
 r  b   swpd   free   buff  cache   si   so    bi    bo   in   cs us sy id wa st
 1  0 100472 159784  76228 768048    0    0     9    27   11    2 20  1 78  1  0
```

A. 未使用のスワップ領域（仮想メモリ）のサイズは約100MBである
B. 未使用のメモリ（物理メモリ）のサイズは約159MBである
C. 使用されているバッファのサイズは約76MBである
D. 使用されているキャッシュのサイズは約768MBである

《解説》vmstatコマンドによるメモリの使用状況（memory）は、 swpd、 free、 buff、 cache
の4つのパラメータで表示されます。問題1-2の解説を参照してください。
本問でのswpdは100472KB、freeは159784KB、buffは76228KB、cacheは768048KB
であるため、選択肢B、C、Dが正解です。
メモリの使用状況はfreeコマンドでも表示できます。

《答え》B、C、D

問題 1-4　　　　　　　　　　重要度《★★★》：□□□

実行中のプロセスを、各インターバルでのCPU使用率の高い順に、周期的にリスト表示
するコマンドはどれですか？　1つ選択してください。

A. ps　　　　　　　　　　　　　**B.** pstree
C. vmstat　　　　　　　　　　　**D.** top
E. lsof

《解説》topコマンドはシステムの全体的な使用率統計情報や、各プロセスの稼働状況を定期的に更新し、リアルタイムに表示します。

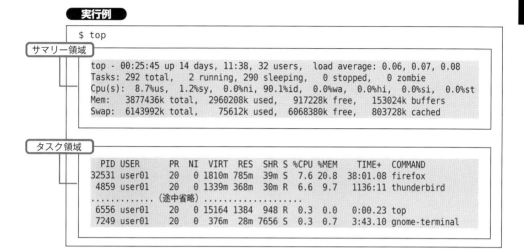

topコマンドの表示は、システムの全体的な使用率統計情報を表示するサマリー領域と、実行中のプロセスを、各インターバルでのCPU使用率の高い順に、周期的にリスト表示するタスク領域があります。
サマリー領域については問題1-5の解説を参照してください。

その他の選択肢のコマンドはそれぞれ以下の機能がありますが、vmstatは個々のプロセスの表示はできず、ps、pstree、lsofはプロセスの周期的な表示はできないので誤りです。
- psコマンド：プロセスの情報を表示
- pstreeコマンド：プロセスの親子関係をツリー構造で表示
- vmstatコマンド：仮想メモリ等の統計情報を表示
- lsofコマンド：プロセスがオープンしているファイルを表示

《答え》D

問題 1-5

重要度 《★★★》 ： □ □ □

以下の表示はtopを実行した結果の抜粋です。表示結果についての説明で適切なものはどれですか？　2つ選択してください。

実行例

```
$ top
top - 11:51:16 up 7 days,  1:21, 17 users, load average: 0.11, 0.39, 0.54
Tasks: 297 total,  1 running, 296 sleeping,  0 stopped,  0 zombie
Cpu(s):  4.5%us,  2.8%sy,  0.0%ni, 92.5%id, 0.0%wa,  0.2%hi,  0.0%si,  0.0%st
Mem:  3877436k total, 2992688k used, 884748k free,   65208k buffers
Swap: 6143992k total,  356204k used, 5787788k free,  860332k cached
```

A. CPU使用率ではユーザモードよりシステムモードの時間が長い

B. ハードウェア割り込みが発生している

C. CPU使用率ではアイドル時間が一番長い

D. Nice値をデフォルトの優先度より低くしたプロセスがある

《**解説**》topコマンドを実行した際のサマリー領域では次の情報を表示します。

1 行目（top）：稼働時間や負荷平均を表示

フィールド	表示例
現在時刻	11:51:16
稼働時間	up 7 days, 1:21
ログインユーザ数	17 users
負荷平均(過去の1分、 5分、 15分）	load average: 0.11, 0.39, 0.54

2 行目（Tasks）：タスクの状態を表示

フィールド	表示例
タスクの総数	297 total
ランあるいはラン可能なタスク数	1 running
スリープしているタスク数	296 sleeping
ストップしているタスク数	0 stopped
ゾンビタスク数	0 zombie

3行目（Cpu（s））：CPUの稼働状況を使用時間の割合（%）で表示

フィールド	表示例
ユーザモードの時間	4.5%us
システムモードの時間	2.8%sy
Nice値による低優先度のユーザモードの時間	0.0%ni
アイドル時間	92.5%id
I/O終了待ちの時間	0.0%wa
ハードウェア割り込みの処理時間	0.2%hi
ソフトウェア割り込みの処理時間	0.0%si
仮想マシンに与えた時間	0.0%st

4行目（Mem）：メモリの使用状況を表示

フィールド	表示例
メモリの総量	3877436k total
使用されているメモリのサイズ	2992688k used
未使用のメモリのサイズ	884748k free
使用されているバッファのサイズ	65208k buffers

5行目（Swap）：スワップとキャッシュの使用状況を表示

フィールド	表示例
スワップ領域の総量	6143992k total
使用されているスワップ領域のサイズ	356204k used
未使用のスワップ領域のサイズ	5787788k free
キャッシュとして使用されているメモリのサイズ	860332k cached

上記の表より、ユーザモードは4.5%、システムモードは2.8%なので選択肢Aは誤りです。ハードウェア割り込み処理時間は0.2%なので選択肢Bは正解です。アイドル時間92.5%なので選択肢Cは正解です。低優先度のユーザモードは0.0%なので選択肢Dは誤りです。

参考

topコマンドの動作は、実行中でのキー入力や設定ファイル~/.toprcでカスタマイズができますが、タスク領域のデフォルトは次のようになっています。
- ●**インターバル（delay time interval）**：3秒
- ●**プロセスの表示順**：インターバルでのCPU使用率（%CPU）の高い順
- ●**表示プロセス数**：フルスクリーン

《答え》B、C

問題 1-6　　重要度《★★★》　□□□

uptimeを実行したところ次のように表示されました。表示結果についての説明で適切な
ものはどれですか？　2つ選択してください。

実行例

```
$ uptime
 16:22:58 up  3:15,  1 user,  load average: 0.12, 0.05, 0.01
```

　　A. このシステムは16時22分58秒に起動した
　　B. このシステムは3時間15分の間、稼働している
　　C. Load averageの値は過去1分、5分、15分からのものである
　　D. Load averageの値が1.0を越えることはない

《**解説**》uptimeコマンドはシステムの稼働時間や負荷平均（Load average）を表示します。負
荷平均はラン可能待ち行列（Run Queue）のプロセスの平均個数です。

表示結果の内容

フィールド	表示例
現在時刻	16:22:58
稼働時間	up 3:15
ログインユーザ数	1 user
負荷平均（過去の1分、5分、15分から）	load average: 0.12, 0.05, 0.01

上記により、表示内容に適合した選択肢であるBとCが正解です。
また、現在ログインしているユーザを表示するwコマンドも1行目に、 uptimeコマン
ドと同じようにCPU稼働状況を表示します。

《**答え**》B、C

問題 1-7　重要度《★★★》

collectdとRRDファイルについての説明で適切なものはどれですか？　1つ選択してください。

- **A.** collectdはシステムの脆弱性をチェックし、結果をRRDファイルに保存する
- **B.** collectdはシステムの脆弱性情報を格納したRRDファイルを読み取り、グラフを表示する
- **C.** collectdはシステムの統計情報を収集し、結果をRRDファイルに保存する
- **D.** collectdはシステムの統計情報を格納したRRDファイルを読み取り、グラフを表示する

《解説》collectdはシステムの統計情報を収集するデーモンです。情報収集には目的ごとに用意されたシェアードオブジェクト形式(.so)プラグインを使用します。

情報収集のためのプラグインの例は次のとおりです。
- **CPUプラグイン**：ユーザモード、システムモードなどの使用状況の情報を収集
- **Loadプラグイン**：負荷平均の情報を収集
- **Memoryプラグイン**：メモリ使用状況の情報を収集

収集したデータを保存するには、保存形式に応じたプラグインを使用します。
収集データ保存のためのプラグインの例は、次のとおりです。
- **RRDtoolプラグイン(rrdtool.so)**：RRD(Round Robin Database)形式でファイルに保存
- **CSVプラグイン(csv.so)**：CSV形式でファイルに保存

ファイルに保存されたデータはWebサーバを経由してブラウザにグラフ表示できます。

collectdを使用した構成例

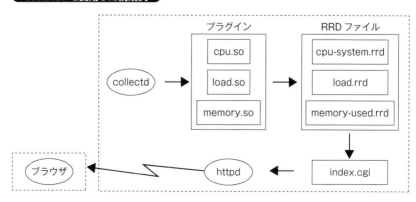

collectdはシステムの統計情報を収集し、デフォルトの設定では「/var/lib/collectd/ホスト名/プラグイン名」ディレクトリの下のRRDファイルに格納します。したがって、

選択肢Cが正解です。

collectdを使用して上記の構成をインストールし、設定する手順は次のとおりです。ここでは、Scientific Linux 6.5（RHEL6.5のクローン）での例を示します。パッケージはEPELリポジトリで提供されています。

①パッケージのインストール

```
# yum install collectd collectd-rrdtool collectd-web
```

② collectd の設定ファイル collectd.conf を編集（デフォルトのままでも動作する）

```
# vi /etc/collectd.conf
BaseDir "/var/lib/collectd"
PluginDir "/usr/lib64/collectd"        cpu.soのロード
LoadPlugin cpu
LoadPlugin load                        load.soのロード
LoadPlugin memory
LoadPlugin rrdtool                     memory.soのロード
```

プラグインの指定ではサフィックスの.soは付けません。

③ collectd の起動

```
# /etc/init.d/collectd start
```

④ httpd の再起動

```
# /etc/init.d/httpd restart
```

⑤ブラウザから次の URL にアクセスする

```
http://localhost/collectd/bin/index.cgi
```

《答え》C

問題 1-8　　　重要度《★★★》

collectdによってCPUの使用状況の統計を収集する場合、設定ファイル/etc/collectd.confにはどのように記述しますか？　1つ選択してください。

A. Include cpu
B. Include cpu.so
C. LoadPlugin cpu
D. LoadPlugin cpu.so
E. Plugin cpu
F. Plugin cpu.so

201試験

《解説》collectdによる情報収集では、目的ごとに用意されたシェアードオブジェクト形式（.so）プラグインをロードします。ロードするプラグインの指定はLoadPluginオプションで行います。問題1-7の解説を参照してください。

《答え》C

問題 1-9 　重要度《★★★》：□ □ □

sysstatパッケージに含まれているコマンドはどれですか？　2つ選択してください。

A. top、uptime
B. sar、sadf
C. vmstat、netstat
D. cifsiostat、iostat、mpstat、pidstat

《解説》sysstatパッケージにはパフォーマンスモニタのためのコマンドが含まれています。Linuxのsysstatパッケージは Sebastien Godard氏が開発したものですが、Linuxディストリビューションによってパッケージングが異なっています。次のコマンドはRedHat Enterprise Linux、SuSE Linux Enterprise Server、Ubuntuのどのディストリビューションにも含まれています。

sysstat パッケージに含まれるコマンド

コマンド	説明
cifsiostat	CIFSファイルシステムのI/O統計情報を表示
iostat	CPUの使用状況とI/O統計情報を表示
mpstat	全CPUとCPU個々の使用状況を表示
pidstat	タスク（プロセス）の統計情報を表示
sadf	sarで収集したデータの表示
sar	システムアクティビティの収集と表示

したがって、選択肢Bと選択肢Dが正解です。

top、uptime、vmstatコマンドはprocpsパッケージ（ディストリビューションによってはprocps-ngパッケージ）に、またネットワーク接続やルーティング情報を表示するnetstatコマンドはnet-toolsパッケージに含まれています。したがって、選択肢Aと選択肢Cは誤りです。

《答え》B、D

11

問題 1-10

重要度 《★★★》 ：□ □ □

sarコマンドを3秒のインターバルで1回実行したところ次のように表示されました。実行したコマンドラインはどれですか？ 1つ選択してください。

実行例

```
16時 23分 20秒  CPU  %user  %nice  %system  %iowait  %steal  %idle
16時 23分 23秒    0  10.81   0.00     0.68     0.34    0.00  88.18
```

A. sar 3 1 -P 0

B. sar 3 1 -r

C. sar 3 1 -n DEV

D. sar 3 1 -d

《**解説**》sarコマンドはシステムアクティビティの統計情報を収集、格納、表示するコマンドです。指定されたインターバル、指定された回数で統計情報を収集し、表示します。インターバルを指定し、回数を指定しなかった場合は、収集、表示が繰り返されます。インターバルを指定しなかった場合、あるいは-fオプションを指定した場合はデータファイルの内容を表示します。

構文 sar ［オプション］［インターバル(秒)］［回数］

オプション

主なオプション	説明
-o [ファイル名]	格納するデータファイルの指定。すべての統計情報がバイナリデータで格納される。ファイルを指定しなかった場合は、/var/log/sa/saDD。DDは現在日(例：28日であればsa28)
-f [ファイル名]	表示するデータファイルの指定。ファイルを指定しなかった場合は/var/log/sa/saDD。DDは現在日(例：28日であればsa28)
-P {CPU番号	ALL}	プロセッサごとの統計情報の表示。ALLを指定した場合は全プロセッサの統計情報を表示
-r	メモリの使用状況を表示
-d	ブロックデバイスの統計情報を表示
-n {キーワード	ALL }	キーワードで指定したネットワークの統計情報を表示。ALLを指定した場合はすべてのネットワーク情報を表示。主なキーワードは、DEV(ネットワークデバイス)、SOCK(UNIXソケット)、IP、TCP、UDP
-A	すべての統計情報を表示

実行例①では、デフォルトの入力ファイル/var/log/sa/saDD (DDは現在日) から、デフォルトの表示情報であるCPUの統計情報を表示しています。

実行例①

```
# sar  (抜粋表示)
00時 00分 01秒 CPU %user %nice %system %iowait %steal %idle
00時 10分 01秒 all 9.53  0.00    1.13    0.94    0.00 88.39
00時 20分 01秒 all 9.79  0.00    1.12    1.15    0.00 87.94
00時 30分 01秒 all 9.51  0.02    1.14    1.06    0.00 88.28
```

実行例②では、10秒間のインターバルで1回統計情報を収集し、ファイルsysdataに格納しています。

実行例②

```
# sar 10 1 -o sysdata
```

実行例③では、sysdataファイルからプロセッサ0の統計情報を表示しています。

実行例③

```
# sar -P 0 -f sysdata （抜粋表示）
21時 20分 23秒 CPU %user %nice %system %iowait %steal %idle
21時 20分 33秒   0 23.14  0.00   9.99   0.61   0.00 66.26
```

実行例④では、sysdataファイルからメモリの使用状況を表示しています。

実行例④

```
# sar -r -f sysdata （抜粋表示）
21時 20分 23秒 kbmemfree kbmemused %memused kbbuffers kbcached kbcommit %commit
21時 20分 33秒    343076   3534360    91.15     77736  1099144  5439532    54.28
```

フィールド

フィールド	説明
kbmemfree	未使用のメモリサイズ(KB)
kbmemused	使用中のメモリサイズ(KB)
%memused	使用中のメモリのパーセンテージ

実行例⑤では、sysdataファイルからブロックデバイス（ディスク）の統計情報を表示しています。

実行例⑤

```
# sar -d -f sysdata
21時 20分 23秒    DEV  tps rd_sec/s wr_sec/s avgrq-sz avgqu-sz await svctm %util
21時 20分 33秒 dev8-0 2.65    0.00    92.97    35.08     0.06 22.04  8.69  2.30
```

フィールド

フィールド	説明
DEV	ブロックデバイスのメジャー番号とマイナー番号 dev[メジャー番号]-[マイナー番号]
tps	1秒間の転送回数
rd_sec/s	1秒間の読み込みセクタ数
wr_sec/s	1秒間の書き込みセクタ数

実行例⑥では、sysdataファイルからネットワークデバイスの統計情報を表示しています。

実行例⑥

```
# sar -n DEV -f sysdata   （抜粋表示）
21時 20分 23秒 IFACE rxpck/s txpck/s rxkB/s txkB/s rxcmp/s txcmp/s rxmcst/s
21時 20分 33秒    lo    0.00    0.00    0.00    0.00    0.00    0.00    0.00
21時 20分 33秒   eth0  720.49  694.39  927.57  47.67    0.00    0.00    0.10
21時 20分 33秒  wlan0   0.00    0.00    0.00    0.00    0.00    0.00    0.00
```

フィールド

フィールド	説明
IFACE	ネットワークインタフェース名
rxpck/s	1秒あたりの受信パケット数
txpck/s	1秒あたりの送信パケット数
rxkB/s	1秒あたりの受信キロバイト数
txkB/s	1秒あたりの送信キロバイト数

参考

RHEL6のクローンであるScientific Linux 6では、crontabの設定により10分間隔で統計情報が収集されて、/var/log/sa/saDDファイルにバイナリデータが追加で格納されます。毎日23時53分に、23時50分のデータファイルを基にテキストデータファイルsarDDが生成されます。/var/log/sa/下のファイルは1週間を過ぎると削除されます。

/etc/cron.d/sysstat

```
*/10 * * * * root /usr/lib64/sa/sa1 1 1
53 23 * * * root /usr/lib64/sa/sa2 -A
```

/usr/lib64/sa/sa1、/usr/lib64/sa/sa2はともにシェルスクリプトです。sa1は/usr/lib64/sa/sadcにより統計データを収集します。sa2は/usr/bin/sarによりテキストデータを生成します。

　問題の実行結果ではCPUの統計情報が表示されているので、選択肢Aが正解です。

《答え》A

問題 1-11　　　　重要度 《★★★》 ：□ □ □

システムの統計情報を収集し、バイナリデータとして格納したファイルsysdataがあります。このsysdataを利用して「sadf -- -n DEV sysdata」コマンドを実行するとどのような情報が表示されますか？　次の説明のうち、適切なものを1つ選択してください。

A. CPUの統計情報が表示される

B. メモリの使用状況が表示される

C. ブロックデバイスの統計情報が表示される

D. ネットワークインタフェースの統計情報が表示される

201試験

《解説》sadfコマンドは、ファイルに格納されたシステム統計情報のバイナリデータから、アプリケーションの処理に適した複数の形式でデータを表示するコマンドです。データファイルの指定を省略すると/var/log/sa/saDD（DDは現在日）から読み取ります。

構文 sadf ［オプション］［データファイル］

オプション

主なオプション	説明
-p	パターン処理に適した形式で表示
-x	XML形式で表示
--	--以降の引数をsarに渡して表示処理

以下の実行例では、上記の--オプションを使用し、データをsarに引き渡して表示しています。 -P、 -r、 -nはsarのオプションです。

実行例①では、 sysdataファイルからプロセッサ0の統計情報を表示しています。

実行例①

```
# sadf -- -P 0 sysdata
lx01.mylpic.com   10   1409401233   cpu0   %user    23.14
lx01.mylpic.com   10   1409401233   cpu0   %nice    0.00
lx01.mylpic.com   10   1409401233   cpu0   %system  9.99
lx01.mylpic.com   10   1409401233   cpu0   %iowait  0.61
lx01.mylpic.com   10   1409401233   cpu0   %steal   0.00
lx01.mylpic.com   10   1409401233   cpu0   %idle    66.26
```

実行例②では、 sysdataファイルからメモリの使用状況を表示しています。

実行例②

```
# sadf -- -r sysdata
lx01.mylpic.com   10   1409401233   -   kbmemfree 343076
lx01.mylpic.com   10   1409401233   -   kbmemused 3534360
lx01.mylpic.com   10   1409401233   -   %memused  91.15
lx01.mylpic.com   10   1409401233   -   kbbuffers 77736
lx01.mylpic.com   10   1409401233   -   kbcached  1099144
lx01.mylpic.com   10   1409401233   -   kbcommit  5439532
lx01.mylpic.com   10   1409401233   -   %commit   54.28
```

2番目のフィールドはデータ収集時のインターバル（秒）、 3番目のフィールドはタイムスタンプを1970年1月1日からの経過秒数で表示しています。次の実行例も同じです。

実行例③では、 sysdataファイルからネットワークI/F eth0の統計情報を表示しています。

実行例③

```
# sadf -- -n DEV sysdata | grep eth0
lx01.mylpic.com   10   1409401233   eth0   rxpck/s  2720.49
lx01.mylpic.com   10   1409401233   eth0   txpck/s  694.39
lx01.mylpic.com   10   1409401233   eth0   rxkB/s   927.57
lx01.mylpic.com   10   1409401233   eth0   txkB/s   47.67
lx01.mylpic.com   10   1409401233   eth0   rxcmp/s  0.00
lx01.mylpic.com   10   1409401233   eth0   txcmp/s  0.00
lx01.mylpic.com   10   1409401233   eth0   rxmcst/s 0.10
```

問題文のコマンドライン「sadf -- -n DEV sysdata」では、オプション--によりsarコマンドに渡されて、-n DEVによりネットワークインタフェースの統計情報が表示されます。したがって、選択肢Dが正解です。

《答え》 D

201試験

Linuxカーネル

2章

本章のポイント

❖カーネルソース

Linuxカーネル開発プロジェクト、カーネルソースの取得方法、カーネルのバージョン番号、カーネルのドキュメントなど、Linuxカーネルについての基本的用語を理解します。

重要キーワード

ファイル：**Documentation**
その他：カーネルリリースカテゴリ、
prepatch、**RC**、**mainline**、
stable、**longterm**

❖カーネルコンフィグレーション

カーネルのソースをコンパイルしてカーネルやカーネルにリンクされるモジュールを生成し、インストールする方法について理解します。

重要キーワード

ファイル：**/usr/src/linux**、**.config**、
bzImage
コマンド：**make**、**make menuconfig**、
make oldconfig、
make modules_install、
make install

❖カーネルパッチ

カーネルの機能追加、バグフィックス、セキュリティ対策などのためのカーネルパッチの当て方と取り外し方について理解します。

重要キーワード：

コマンド：**patch**、**patch-kernel**、**diff**
その他：パッチ、カーネルパッチ、
.rej（サフィックス）

❖カーネルの設定

カーネルのチューニングを行うカーネルパラメータの変更方法について理解します。またシステム起動時にメモリにロードされる小さなルートファイルシステムであるinitramfsの中を調べる方法について理解します。

重要キーワード

ファイル：**/proc/sys/kernel**、
/etc/sysctl.conf、**initrd**、
initramfs
コマンド：**sysctl**、**cpio**
その他：カーネルパラメータ

❖カーネルモジュールの管理

システム起動後に必要に応じてメモリにロードされ動的にリンクされるカーネルモジュールの管理方法について理解します。

重要キーワード：

ファイル：**/etc/modprobe.conf**、
/etc/modprobe.d、
modules.dep、**/lib/modules**
コマンド：**lsmod**、**modprobe**、**depmod**、
insmod、**rmmod**、**modinfo**

| 問題 **2-1** | 重要度 《★ ★ ★》 : □ □ □ |

Linuxカーネルについての説明で正しいものはどれですか？　3つ選択してください。

A. LinuxカーネルはLinus Torvalds氏が開発し、最初のバージョンは1991年に公開された0.01である

B. Linuxカーネルはkernel.orgから公式版ソースを、Linuxディストリビューションのサイトやミラーサイトからカスタマイズされたソースを入手できる

C. RedHat Linuxのカーネルソースは GPLで配布されているので kernel.orgから入手できる

D. Linuxカーネルはシステムの起動時に読み込まれて、その後システムを停止するまでメモリに常駐する

E. Linuxカーネルのすべてのモジュールはカーネルコンパイル時にスタティックに組み込まれ、システム稼働中に追加でロード、リンクはできない

《解説》 Linuxカーネルは当時フィンランドのヘルシンキ大学の学生だった21才のリーナス・トーバルズ（Linus Torvalds）氏が開発し、1991年の9月にFTPサーバに公開した0.01が最初のバージョンです。現在では世界中の多くのプログラマが開発に参加しています。2005年以降、開発に参加した技術者の総数は7,800人を超えてオープンソースの最大級の開発プロジェクトになっています。

このプロジェクトで開発されたカーネルは公式版カーネル（vanilla kernel、mainline kernel）と呼ばれています。公式版カーネルのソースは開発プロジェクトのWebサイト http://kernel.orgからダウンロードできます。
次の例はwgetコマンドでカーネルソースを取得する例です。

実行例

```
$ wget http://www.kernel.org/pub/linux/kernel/v3.x/linux-3.4.4.tar.bz2
```

Linuxカーネルソースはリーナス・トーバルズ氏自身が開発したSCM（Source Code Management system）であるgit上で開発されています。git.kernel.orgからgitコマンドでカーネルソースを取得することができます。
次の例はgitコマンドでカーネルソースを取得する例です。

実行例

```
$ git clone git://git.kernel.org/pub/scm/linux/kernel/git/stable/linux-
stable.git
```

各Linuxディストリビューションのカーネルはほとんどの場合、公式版カーネルソースを基にディストリビューションごとにカスタマイズされたものが使われています。

特別な場合を除き、RedHat Linuxなど各ディストリビューションのカーネルソースはkernel.orgにはなく、各ディストリビューションのサイトやそのミラーサイトで公開されています。

カーネルはシステム起動時にメモリにロードされ、その後メモリに常駐し、CPUやメモリなどのシステム資源の管理やデバイスの制御、プロセスのスケジューリングなどを行います。カーネルはオペレーティングシステムの機能、パフォーマンス、セキュリティの基盤を決定し、Linuxを特徴付ける、文字どおりにオペレーティングシステムの核となるプログラムです。

カーネルの構成は以下のとおりです。

● プロセス管理、ユーザ管理、時刻管理、メモリ管理などを行う本体部分
● コンパイル時に静的に本体にリンクされるカーネルモジュール
● コンパイル時には本体にリンクされず、システムの起動時や起動後、必要な時に動的にメモリに読み込まれて本体にリンクされるカーネルローダブルモジュール

参考

「カーネルローダブルモジュール」は動的にロード可能(loadable)という意味でこのように呼ばれます。単に「カーネルモジュール」と呼ばれることもあります。

主なディストリビューションが採用しているカーネルのバージョンは次のようになっています。

ディストリビューションのバージョン

主なディストリビューション	リリース日	カーネルバージョン
RedHat Enterprise Linux 7	2014年6月	3.10
Fedora 21	2014年12月	3.17
SUSE Linux Enterprise Server 12	2014年10月	3.12
Ubuntu 14.10	2014年10月	3.16

《答え》A、B、D

問題 2-2 重要度 《★★☆》 ： □ □ □

Linuxカーネルバージョン3.xの説明で適切なものはどれですか？ 2つ選択してください。

A. 開発版はprepatchあるいはRCと呼ばれる
B. 4桁だったバージョン番号は3.xから3桁になった
C. 2桁目の番号が偶数のリリースは安定版と呼ばれる
D. 安定版は約2年の間はバグフィックスなどでメンテナンスされる

《解説》2011年7月21日、リーナス・トーバルズ氏はLinuxカーネル開発の20年目を記念して、2.6.39の次のカーネルバージョンを3.0としてリリースしました。 2.6.39から3.0の間に特に大きな機能追加や変更があるわけではなく、 3.0としてリリースした他の理由として、リーナス・トーバルズ氏は、大きくなりすぎて不便となった3桁目の番号の修正を挙げています (2.6.39の最後のバージョンは2011年8月3日にリリースされた2.6.39.4となります)。

カーネル2.6.11.1～2.6.39.4の間、 x.x.x.xと4桁だったバージョン番号は、カーネル3.0からはx.x.x(例：3.0.1)のように3桁となりました。

リーナス・トーバルズ氏がリリースするmainlineの3.0、 3.1……をベースに、 stableチームが3.0.1、 3.0.2……3.1.1、 3.1.2……のように、バグフィックスとともに3桁目の番号を付けてリリースしていきます。

2014年8月の時点での3.xリリースは次のようになっています。

カーネル 3.x リリース

mainline	リリース日	最初のbugfix	リリース日	最後のバージョン	リリース日	LTS	EOL
3.0	2011/7/22	3.0.1	2011/8/5	3.0.101	2013/10/22	LTS	EOL
3.1	2011/10/24	3.1.1	2011/11/11	3.1.10	2012/1/18		EOL
3.2	2012/1/5	3.2.1	2012/1/12	3.2.62	2014/8/6	LTS	
3.3	2012/5/19	3.3.1	2012/4/2	3.3.8	2012/6/4		EOL
…	(途中のリリースは省略)						
3.14	2014/3/31	3.14.1	2014/7/13	3.14.17	2014/8/14	LTS	-
3.15	2014/6/8	3.15.1	2014/6/16	3.15.10	2014/8/14	-	EOL
3.16	2014/8/3	3.16.1	2014/8/14	3.16.1	2014/8/14		

※LTSとEOLについては問題2-3の解説を参照してください。

参考

リーナス・トーバルズ氏は2桁目の番号が20を超えることを好まない旨の意見を述べていますが、3.19がリリースされた2015年2月の時点では、次のリリースは3.20として開発が続けられています。詳細については、次のLinuxカーネルメーリングリストを参照してください。
https://lkml.org/lkml/2013/11/3/160

Linuxカーネルソースは、 https://www.kernel.org/からダウンロードできます。

ソースは従来、 gzip形式とbzip2形式で提供されていましたが、 2013年3月からはより高い圧縮効率のxz形式も加わりました。 2014年1月からはbzip2形式はなくなり、gzipとxzで提供されています。

GNU tarコマンドはバージョン1.22からxz形式をサポートしているので、次のどちらのコマンドラインでも解凍、展開できます。

実行例

```
$ tar Jxvf linux-3.16.1.tar.xz ──── Jオプションによりxz形式を指定する
$ tar xvf linux-3.16.1.tar.xz ──── Jオプションなしでもxz形式を判別して解凍する
```

選択肢Cはバージョン2.6.10までの番号付けなので誤りです。選択肢Dは安定版 (stable) ではなくlongtermリリースのことなので誤りです。prepatch/RC、stable、longtermについては、問題2-3の解説を参照してください。

《答え》A、B

問題 2-3　　重要度《★★★》　□ □ □

Linuxカーネルバージョン3.xのリリースカテゴリであるstableの説明で適切なものはどれですか？　1つ選択してください。

A. prepatchの後にリーナス・トーバルズ氏がリリースする公式版
B. mainlineをベースにメンテナによってバグフィックスされるリリース
C. 最新カーネルからのバックポートを含み、長期メンテナンスされるリリース
D. mainlineの前のリリース

《解説》Linuxカーネルのリリースカテゴリには開発版 (prepatchあるいはRC)、メインライン (mainline)、安定版 (stable)、長期メンテナンス版 (longterm) があります。開発版→メインライン→安定版の流れでリリースされていきます。長期メンテナンス版は安定版の中から選ばれます。

●prepatch（開発版）
RC (Release Candidates) とも呼ばれます。新機能を含み、開発が完了するとリーナス・トーバルズ氏がmainlineとしてリリースします。
例：3.0-rc1→3.0-rc2→……→3.0-rc7→3.0 (mainline)

●mainline
すべての新機能を含み、2～3か月の間隔でリリースされます。リーナス・トーバルズ氏がリリースします。
例：3.0→3.1→……→3.16

●stable（安定版）
mainlineリリースをベースに、担当するメンテナがバグフィックスなどのメンテナンスを行います。longtermとなったバージョン以外は比較的早くEOL (End Of Life : バックポートを含むバグフィックスのサポート終了) となります。
例：3.0.1、3.0.2……3.1.0、3.1.1、3.2.0、3.2.1……

●longterm（長期メンテナンス版）
LTS (Long Term Support) とも呼ばれます。stableリリースの中から選ばれます。最新カーネルからのバックポートを含むバグフィックスにより約2年間メンテナンスされます。
例：3.0.101、3.2.62……3.14.17

選択肢Aはmainline、選択肢Cはlongterm、選択肢Dはprepatchのことです。選択肢Bが正解です。

《答え》B

問題 2-4　　　　重要度《★★☆》：□□□

/usr/src/linuxの下にある、カーネルソースのドキュメントの置かれたディレクトリの名前を記述してください。

《解説》 カーネルソースのトップディレクトリの下にDocumentationというディレクトリがあり、その下に様々な技術ドキュメントが置かれています。

安定版3.4.4ソースのルートディレクトリの下には、次のディレクトリやファイルがあります。

実行例

```
$ ls -F
COPYING         MAINTAINERS     block/      include/   mm/         sound/
CREDITS         Makefile        crypto/     init/      net/        tools/
Documentation/  README          drivers/    ipc/       samples/    usr/
Kbuild          REPORTING-BUGS  firmware/   kernel/    scripts/    virt/
Kconfig         arch/           fs/         lib/       security/
```

安定版3.4.4ソースのルートディレクトリの下のDocumentationディレクトリの下には次のディレクトリやファイルがあります。

実行例

```
$ ls -F Documentation/
00-INDEX                    kdump/
ABI/                        kernel-doc-nano-HOWTO.txt
BUG-HUNTING                 kernel-docs.txt
Changes                     kernel-parameters.txt
CodingStyle                 kmemcheck.txt
DMA-API-HOWTO.txt           kmemleak.txt
........（以下省略）.........
```

《答え》 Documentation

201試験

問題 2-5

重要度 《★★★》 ： □ □ □

lsmodを実行したところ、EXT4FSのカーネルモジュールext4がロードされています。

実行例

```
$ lsmod |grep ^ext4
ext4            363408 4
```

kernel.orgからカーネルソースlinux-3.17.2.tar.gzをダウンロードして、解凍、展開したディレクトリに移動しました。直下には以下のファイルとディレクトリがあります。

実行例

```
$ ls -F
COPYING        Makefile       drivers/   kernel/    security/
CREDITS        README         firmware/  lib/       sound/
Documentation/ REPORTING-BUGS fs/        mm/        tools/
Kbuild         arch/          include/   net/       usr/
Kconfig        block/         init/      samples/   virt/
MAINTAINERS    crypto/        ipc/       scripts/
```

カーネルモジュールext4のソースコードを見るためにはどうすればよいですか？ 1つ選択してください。

- **A.** fs/ext4に移動する
- **B.** kernel/ext4に移動する
- **C.** modulesディレクトリがないので、kernel.orgからモジュールのみのソースの入ったtar.gzファイルをダウンロードして解凍、展開する
- **D.** modulesディレクトリがないので、使用しているディストリビューションのサイトからモジュールのみのソースの入ったtar.gzをダウンロードして解凍、展開する

《**解説**》主要なカーネルモジュールのソースはカーネルソースに含まれています。本問のようにkernel.orgからtar.gz形式あるいはtar.xz形式のカーネルソースをダウンロードした場合は、カーネルモジュールのソースもその中に含まれています。ファイルを解凍、展開したディレクトリの下に、種類別のサブディレクトリに分類されて置かれています。次の表は、主なサブディレクトリの内容です。表の網掛けの部分はカーネルモジュールのソースが置かれている主なサブディレクトリです。

2章

Linuxカーネル

23

サブディレクトリ

主なサブディレクトリ	内容
Documentation	Linuxカーネル関連の技術文書
arch	アーキテクチャ依存のソースコード
drivers	デバイスドライバ
fs	ファイルシステムモジュール
include	ヘッダファイル
init	カーネル初期化関連のソースコード
ipc	プロセス間通信関連のソースコード
kernel	カーネル本体(core)のソースコード
lib	カーネルのライブラリ
mm	メモリ管理関連のソースコード
net	ネットワークのプロトコルスタックやインタフェースドライバ
scripts	カーネルコンフィグレーションで使用されるスクリプト
sound	サウンドドライバ

ファイルシステムのモジュールext4のソースは上記の表のとおり、fsディレクトリの下に置かれています。

modulesディレクトリは、古いカーネルバージョンでは生成したカーネルモジュールを置くディレクトリでしたが、カーネル2.6、カーネル3.xでは存在しません。カーネル2.6、カーネル3.xではmodules.orderファイルに生成したモジュールのパスが記録されます。

《答え》A

問題 2-6　重要度 《★☆☆》

カーネル2.6のソースを展開し、そのトップディレクトリに移動しました。これからカーネルとカーネルローダブルモジュールをコンパイルし、適切なディレクトリにインストールします。コマンドの正しい実行順序はどれですか？　1つ選択してください。

A. ./configure; make; make modules_install; make install
B. ./configure; make; make install; make modules_install
C. make menuconfig; make; make install; make modules_install
D. make menuconfig; make; make modules_install; make install

《解説》カーネルのソースコードからカーネルのバイナリを生成することをカーネルコンフィグレーションといいます。カーネル本体とカーネルローダブルモジュールから成るソースをコンパイルしてバイナリを生成します。

以下は代表的なカーネルコンフィグレーション手順です。

カーネルコンフィグレーション手順

実行順	コマンド	説明
1	make mrproper	以前のカーネルコンフィグレーションで生成されたすべてのファイルを削除して初期状態に戻す。ソースを展開した後の1回目であれば必要なし
2	make menuconfig	新しいカーネルの構成を記述したコンフィグレーションファイル.configを作る。他に、make config、make xconfig、make gconfig、make defconfigなどの方法がある
3	make	.configに従い、カーネルとカーネルローダブルモジュールを生成する
4	make modules_install	ローダブルモジュールを/lib/modulesの下にインストールする
5	make install	カーネルを/bootの下にインストールする

カーネルの設定ファイル.configを基に、カーネルとカーネルローダブルモジュールをコンパイルして生成するのが手順3の「make」です。

makeの代わりにカーネルを生成する「make bzImage」と、カーネルローダブルモジュールを生成する「make modules」を別々に実行することもできます。

以下は「make bzImage」の実行例です。

実行例

```
$ make bzImage
............（途中省略）...................
Root device is (8, 7)
Setup is 11772 bytes (padded to 11776 bytes).
System is 4041 kB
CRC e2e8fda7
Kernel: arch/x86/boot/bzImage is ready   (#1)
```

生成されたカーネルはカーネルソースのルートの下のarch/x86/boot/bzImageです。CPUアーキテクチャがIntel x86の場合はarch/x86以下に生成されます。

bzImageはSetup（vmlinuxを展開し初期化するプログラム）とSystem（gzipで圧縮された自己解凍型のカーネルvmlinux）の2つが連結されたファイルです。bzImageはこの後に実行される「make install」コマンドによって、/bootの下に「vmlinuz-カーネルバージョン」の名前でコピーされます。

《答え》 D

問題 2-7　重要度 《★★★》

現在カーネルソースを展開したディレクトリにいます。X Window Systemが使えない端末のみの環境ですが、メニュー形式で選択しながらコンフィグレーションファイル.configを生成します。実行する手順はどれですか？ 1つ選択してください。

- A. make config
- B. make menuconfig
- C. make xconfig
- D. make gconfig

《解説》「make menuconfig」を実行するとcursesベースのツールが起動します。X Window Systemが使えない端末でもメニュー形式で選択しながら設定できます。

make menuconfig の実行例

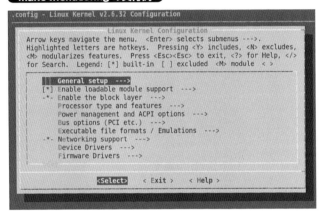

.configを生成するために使用できるmakeの主なターゲットは次のとおりです。

.config 生成のためのターゲット

コマンド	説明
make config	設定項目1つ1つについて、順番に対話的に尋ねられる、最もシンプルな形式
make menuconfig	cursesライブラリを利用した、端末ベースのメニュー形式のインタフェース
make xconfig	QtベースのGUIツール
make gconfig	GtkベースのGUIツール
make oldconfig	既存の.configをデフォルトとして、新しい定義が必要な項目がある場合のみ設定を追加
make defconfig	arch/$ARCH/defconfigをデフォルトとして、.configを生成

《答え》B

問題 2-8   重要度 ★★☆

以前に作成したカーネルの設定ファイルを使用してカーネルとカーネルモジュールを作成します。この場合のmakeのターゲットを記述してください。

《解説》既存のカーネルの設定ファイルを使用する場合はそれを.configにコピーし、「make oldconfig」として、makeのターゲットにoldconfigを指定します。
実行すると、既存の.configをデフォルトとして新しい定義が必要な項目がある場合のみ、質問されるのでそれに答える形で進めます。次の表はその際の実行手順です。

カーネルコンフィグレーション手順

実行順	コマンド	説明
1	make clean	以前のコンフィグレーションで生成されたファイルを削除する。ただし、.configは削除しない
2	make oldconfig	既存のカーネルの構成を記述したコンフィグレーションファイル.configを利用する。既存の.configをデフォルトとして、新しい定義が必要な項目がある場合のみ、尋ねられる
3	make	.configに従い、カーネルとローダブルモジュールを生成する
4	make modules_install	ローダブルモジュールを/lib/modulesの下にインストールする
5	make install	カーネルを/bootの下にインストールする

《答え》oldconfig

問題 2-9   重要度 ★★★

新しいバージョンのカーネルソースをダウンロードして、解凍、展開しました。現在稼働しているカーネル（ファイル名：/boot/vmlinuz-2.6.32-358）のコンフィグレーションファイルを基に新しいカーネルを生成したいと思います。実行するコマンドはどれですか？　1つ選択してください。

A. cp /boot/config-2.6.32-358 .config ; make oldconfig; make
B. cp /etc/vmlinux-2.6.32-358 .config ; make oldconfig; make
C. cp /boot/config.2.6.32-358 .config ; make defconfig; make
D. cp /etc/config.2.6.32-358 .config ; make defconfig; make

《解説》カーネル/boot/vmlinuz-xxx（xxxはカーネルバージョン）のカーネルコンフィグレーションファイルは/boot/config-xxxのファイル名で格納されています。

このコンフィグレーションファイルを.configにコピーして「make oldconfig」を実行し、続けてmakeを実行することで、元のコンフィグレーションからカーネルを生成できます。

あわせてチェック！
/bootの下のコンフィグレーションファイル名「config.カーネルバージョン」は、.configにコピーして「make oldconfig」を実行する上で重要なので覚えておきましょう。

《答え》A

問題 2-10　重要度 ★★★

カーネルを再構築することになりました。カーネルをコンパイルした後、カーネルモジュールをインストールするコマンドはどれですか？　1つ選択してください。

- A. make install
- B. make modules_install
- C. make xconfig
- D. make kernel_install

《解説》問題2-6の解説のとおり、カーネルモジュールをインストールするには「make modules_install」コマンドを実行します。

《答え》B

問題 2-11　重要度 ★★★

zImageとbzImageの違いは何ですか？　1つ選択してください。

- A. zImageが対応できる圧縮カーネルのサイズは512KBまで、bzImageはサイズ512KB以上の圧縮カーネルに対応できる
- B. zImageが対応できる圧縮カーネルのサイズは64KBまで、bzImageはサイズ512KBまでの圧縮カーネルに対応できる
- C. zImageがgzipで圧縮するのに対して、bzImageはbzip2で圧縮してサイズが小さくなる
- D. zImageがbzip2で圧縮するのに対して、bzImageはgzipで圧縮してサイズが小さくなる

28

《解説》zImageが対応できる圧縮カーネルのサイズは512KBまで、bzImageはサイズ512KB以上の圧縮カーネルに対応できます。カーネルを圧縮するコマンドはzImageもbzImageもgzipです。

他の違いとして、ブートローダによりロードされるメモリ領域がzImageは最初の640KB内に、bzImageは1MBより高位の領域です。

なお、zImageはカーネル2.0から2.6.29までで、2.6.30からは提供されなくなりました。bzImageはカーネル2.0以降、現在の3.xまで提供されています。

参考
本問および解説は広く使われているIntelアーキテクチャi386/x86_64についてのものです。他のほとんどのアーキテクチャではターゲットzImageのみが提供され、また圧縮アルゴリズムも異なったものが採用されている場合があります。

《答え》A

問題 2-12　重要度《★★☆》

diffコマンドで作成した差分ファイルを使ってパッチを適用するコマンドはどれですか？1つ選択してください。

A. patch ＜ 差分ファイル
B. patch ＜＜ 差分ファイル
C. cat 差分ファイル ＞ patch
D. cat 差分ファイル ＞＞ patch

《解説》patchコマンドはdiffコマンドで作成した差分ファイルを読み込んでパッチを当てます。

構文
① `patch オリジナルファイル パッチファイル`
② `patch -p数値 ＜ パッチファイル`

単一ファイルにパッチを当てる場合は①の構文を使います。
複数のファイルに1度にパッチを当てる場合は②の構文を使います。「-p数値」オプションはパッチファイルの中に記述されたパッチを当てるファイルのパス名に対して、取り除くプレフィックスの数を指定します。

patchコマンドの概要

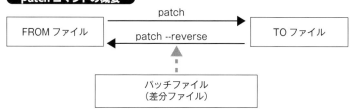

--reverseあるいは-Rオプションによりパッチを取り外して元に戻すことができます。

《答え》A

問題 2-13　重要度《★★☆》：□□□

/tmpにあるカーネルパッチpatch-2.6.33を使って、/usr/src/linuxにあるカーネル
ソース2.6.32にパッチを当てるコマンドはどれですか？　1つ選択してください。

A. patch /tmp/patch-2.6.33 /usr/src/linux
B. kernelpatch /tmp/patch-2.6.33 /usr/src/linux
C. cd /usr/src/linux; patch -p1 < /tmp/patch-2.6.33
D. patch -p0 /tmp/patch-2.6.33 > /usr/src/linux

《解説》カーネルパッチはaディレクトリの下のファイル群とbディレクトリの下のファイル群
の差分をdiffコマンドによりunified形式で作成したものです。
patchコマンドはパッチファイルの形式を自動判別します。
次の例はカーネルパッチpatch-2.6.33の抜粋です。a/Makefileとb/Makefileの差分
がunified形式で記述されています。ソースのルートディレクトリの下のMakefileにこ
のパッチを当てて、a/Makefileの内容をb/Makefileの内容に更新します。

patch-2.6.33 の抜粋

```
--- a/Makefile
+++ b/Makefile
@@ -1,6 +1,6 @@         ← aディレクトリの下のMakefileの「SUBLEVEL=32」の行を削除
 VERSION = 2
 PATCHLEVEL = 6
-SUBLEVEL = 32
+SUBLEVEL = 33          ← bディレクトリの下のMakefileの「SUBLEVEL = 33」の行を追加
 EXTRAVERSION =
 NAME = Man-Eating Seals of Antiquity
```

次の例では、2.6.32のソースにpatch-2.6.33とpatch-2.6.34を順番に適用して
2.6.34にバージョンアップしています。

201試験

実行例

```
$ head -4 Makefile
VERSION = 2
PATCHLEVEL = 6
SUBLEVEL = 32        ── サブレベルは32
EXTRAVERSION =
                                        パッチを当てる時はプレフィックス
$ gunzip -c ../patch-2.6.33.gz | patch -p1 ── の「a/」、「b/」を-p1オプションにより
.......... (途中省略) ...................    取り除いて適用
patching file MAINTAINERS
patching file Makefile      ── Makefileにパッチを当てている
patching file arch/Kconfig
patching file arch/alpha/Kconfig
patching file arch/alpha/boot/bootp.c
patching file arch/alpha/boot/bootpz.c
patching file arch/alpha/boot/main.c
.......... (以下省略) ...................

$ gunzip -c ../patch-2.6.34.gz | patch -p1
.......... (途中省略) ...................

$ head -4 Makefile
VERSION = 2
PATCHLEVEL = 6
SUBLEVEL = 34        ── サブレベルは32から34になった
EXTRAVERSION =
```

参考

カーネルパッチは、通常aディレクトリ以下のファイルとbディレクトリ以下のファイルを比較した差分です。

《答え》C

問題 # 2-14   重要度 《★★☆》 ┊ □ □ □

カーネルソースにpatchコマンドを用いてパッチを適用しましたが、実行の途中でスクリプトがエラーで終了してしまいました。パッチを適用できなかった部分を確認したいのですがどうすればよいですか？　1つ選択してください。

　A. 拡張子が.rejのファイルを探して確認する

　B. /usr/src/linux/.configファイルを確認する

　C. /var/log/messagesファイルを確認する

　D. /proc/kernel/infoファイルを確認する

31

《解説》patchコマンドはパッチを適用できなかったファイルがあった場合、そのファイル名の後ろにreject（拒否）の意味の拡張子「.rej」を付けたファイルを作成します。.rejファイルの中には適用できなかったパッチの部分が書き込まれます。

《答え》A

問題 2-15

重要度 《★★★》 ： □ □ □

カーネルソースコードに当てたパッチpatch-2.6.33.gzを外すにはどのコマンドを実行しますか？　1つ選択してください。

A. patch < patch-2.6.33.gz
B. bzip2 patch-2.6.33.gz | patch
C. gunzip -c ../patch-2.6.33.gz | patch -p1 -R
D. gunzip -c ../patch-2.6.33.gz | patch -p1

《解説》問題2-12の解説のとおり、--reverseあるいは-Rオプションによりパッチを取り外して元に戻すことができます。

次の例では、patch-2.6.33のパッチを外して2.6.32に戻しています。

実行例

```
$ head -4 Makefile
VERSION = 2
PATCHLEVEL = 6
SUBLEVEL = 33 ──── サブレベルは33
EXTRAVERSION =

$ gunzip -c ../patch-2.6.33.gz | patch -p1 -R
..... （途中省略）.........
patching file virt/kvm/ioapic.c
patching file virt/kvm/ioapic.h
patching file virt/kvm/irq_comm.c
patching file virt/kvm/kvm_main.c

$ head -4 Makefile
VERSION = 2
PATCHLEVEL = 6
SUBLEVEL = 32 ──── サブレベルは32
EXTRAVERSION =
```

《答え》C

201試験

問題 2-16

重要度 《★★★》 : □ □ □

カーネルソースで提供されている、カーネルにパッチを当てるスクリプトはどれですか？
1つ選択してください。

A. kpatch
B. patch
C. update-kernel
D. patch-kernel

2章

Linuxカーネル

《解説》カーネルソースのルートディレクトリの下のscripts/patch-kernelスクリプトにより、
カーネルソースにパッチを当てることができます。 patch-kernelスクリプトを使うと、
1回の実行で複数のパッチを当てることができます。

構文 `patch-kernel [ ソースディレクトリ [ パッチディレクトリ [ 停止バー`
`ジョン ]]]`

引数を指定しない場合のデフォルトは次のようになります。
● **ソースディレクトリ**：/usr/src/linux
● **パッチディレクトリ**：カレントディレクトリ
● **停止バージョン**：パッチディレクトリにあるすべてのパッチを当てる

次の例では、カレントディレクトリを2.6.32のソースのルートにして、親ディレクト
リにpatch-2.6.33.gzとpatch-2.6.34.gzを置いて実行しています。
パッチを当てる停止バージョンを2.6.34と指定しているので、 2.6.33と2.6.34の
パッチが順に当てられます。

実行例

```
$ ./scripts/patch-kernel . . . 2.6.34
```

《答え》D

33

問題 2-17

重要度 《★★★》 : □ □ □

カーネルパラメータshmmaxを2GBに設定するコマンドはどれですか？ 2つ選択してください。

A. echo 2147483647 > /proc/sys/kernel/shmmax
B. sysctl kernel.shmmax=2147483647
C. sysctl -p /etc/sysctl.conf
D. write 2147483647 /proc/sys/kernel/shmmax

《解説》procファイルシステムのファイル/proc/sys/kernel/shmmaxに値を書き込むことで設定できます。

以下の例では、bcコマンドで2GBとなる$2^{31}-1$を計算し、その値を書き込んでいます。

実行例

```
# cat /proc/sys/kernel/shmmax  ——[現在の値を表示]
4294967295
# echo `echo 2^31-1 | bc` > /proc/sys/kernel/shmmax  ——[値を2GBに設定]
# cat /proc/sys/kernel/shmmax  ——[設定した値を表示して確認]
2147483647
```

またsysctlコマンドによってカーネルパラメータkernel.shmmaxの値を設定できます。

実行例

```
# sysctl kernel.shmmax  ——[現在の値を表示]
kernel.shmmax = 4294967295
# sysctl -w kernel.shmmax=`echo 2^31-1 |bc`  ——[値を2GBに設定]
kernel.shmmax = 2147483647
# sysctl kernel.shmmax  ——[設定した値を表示して確認]
kernel.shmmax = 2147483647
```

上記では、書き込みのための-wオプションを指定していますが、このオプションは指定しなくても書き込むことができます。

《答え》A、B

201試験

問題 2-18　重要度 《★★★》 □□□

カーネルパラメータshmmaxの値を恒常的に設定したい場合、sysctlコマンドにより有効になる設定ファイルの名前を記述してください。

《解説》 問題2-17でのprocファイルシステム内のファイルの値の変更や、sysctlコマンドでのパラメータの設定は、メモリ上での変更であるため、システムを再起動すると元に戻ります。

カーネルパラメータの値を恒常的に設定するには/etc/sysctl.confファイルに設定します。/etc/sysctl.confに記述されたカーネルパラメータはシステムの起動時に実行されるシェルスクリプトの中で、「sysctl -p /etc/sysctl.conf」コマンドの実行により設定されます。なお、/etc/sysctl.confファイルは-pオプションのデフォルトです。

また同様に、/etc/sysctl.dの下にあるファイルも「sysctl -p /etc/sysctl.d/*」コマンドの実行により設定されます。

/etc/sysctl.conf の抜粋

```
# Controls the maximum shared segment size, in bytes
kernel.shmmax = 4294967295
```

《答え》 /etc/sysctl.conf

問題 2-19　重要度 《★★★》 □□□

initramfs.imgの内容にアクセスする方法はどれですか？　1つ選択してください。

A. mv initramfs.img initramfs.gz; gunzip initramfs.gz; cpio -i < initramfs
B. mv initramfs.img initramfs; mount initramfs /mnt
C. mv initramfs.img initramfs.gz; gunzip initramfs.gz;cat initramfs
D. mv initramfs.img initramfs.gz; bunzip2 initramfs.gz;cat initramfs

《解説》 initramfs.imgはシステムの起動時にメモリに読み込まれる小さなルートファイルシステムです。ディスクにアクセスするためのカーネルローダブルモジュールを持ち、ディスクに構築されている本来のルートファイルシステムをマウントするためにシステム起動時にのみ使われます。

2章
Linuxカーネル

35

initramfs.imgは、カーネルコンフィグレーションの時の「make install」コマンド実行時やカーネルバイナリパッケージのインストール時に/bootディレクトリの下に作成されます。 initramfs.imgは、以前はinitrdと呼ばれるファイルシステム形式のファイルでしたが、最近のディストリビューションでは cpioでアーカイブされ、 gzip で圧縮されています。

ファイル名も最近のディストリビューションでは initrd.imgから initramfs.imgに変更されています。

initramfs.imgの内容にアクセスするには次のように、gunzipコマンドで解凍し、 cpioで展開します。なお、実際のファイル名は initramfs-カーネルバージョン.imgとなっています。

以下の例は、カーネルバージョンが 2.6.32-131.6.1.el6.i686の initramfsを解凍、展開する例です。

実行例

```
# cp /boot/initramfs-2.6.32-131.6.1.el6.i686.img .          作業用のカレントディレクトリにコピーする
# mv initramfs-2.6.32-131.6.1.el6.i686.img initramfs-2.6.32-131.6.1.el6.
i686.gz          解凍するためにサフィックスを「.img」から「.gz」に変更する
# gunzip initramfs-2.6.32-131.6.1.el6.i686.gz          gunzipコマンドで解凍する
# ls
initramfs-2.6.32-131.6.1.el6.i686
# cpio -i < initramfs-2.6.32-131.6.1.el6.i686          cpioコマンドで展開する
64239 blocks
```

《答え》A

問題 2-20

重要度 《★☆☆》 ： □ □ □

initramfsが作成されるのはどのような時ですか？ 該当するものをすべて選択してください。

- **A.** ソースコードからカーネルをインストールした時
- **B.** カーネルのバイナリパッケージをインストールした時
- **C.** mkinitrdを実行した時
- **D.** dracutコマンドを実行した時

《解説》カーネルコンフィグレーション手順の最後に「make install」コマンドを実行しますが、この時にinitramfsが作成されます。 initramfsは生成したカーネルバージョンに対応しています。

以下のシーケンスで、最終的にdracutコマンドにより/bootディレクトリの下に作成されます。

①make install
②arch/x86/boot/install.sh
③/sbin/installkernel
④/sbin/dracut

Linuxのインストール時や、新しいバージョンのカーネルのインストール時に、カーネルのバイナリパッケージに含まれているpostinstallスクリプトの中でdracutコマンドが実行されて、対応するカーネルバージョンのintramfsが作成されます。

mkinitrdは、initrd/initramfsを作成するためのシェルスクリプトで、dracutより以前に提供されていました。現在も互換性のために提供されており、mkinitrdの中でdracutが呼び出されて実行されています。ディストリビューションによってはmkinitrdコマンドではなくmkinitramfsというコマンド名で、ほぼ同等の機能が提供されています。

dracutはmkinitrdを改善したシェルスクリプトです。dracutは、デフォルトでは汎用的なinitramfsを生成します。ATA、SCSI、USB、RAID、LVMに対応したドライバモジュール、またNFS、EXT2、EXT3、EXT4、XFS、BRTFSなどの各種ファイルシステムモジュールや暗号化ファイルシステムに対応したモジュールを含みます。システムブート時にはudevを参照して、必要なモジュールをメモリにロードします。

構文 **dracut [オプション] initramfs イメージ名 [カーネルバージョン]**

実行例①

```
# dracut ./initramfs-3.9.5 3.9.5
```

これによりinitramfs-3.9.5.imgファイルが生成されます。dracutは/lib/modules/カーネルバージョンの下のカーネルモジュールを組み込みます。したがって、この例の場合は/lib/modules/3.9.5ディレクトリが作成され、その下にカーネルモジュールが作成されている必要があります。

実行例②

```
# dracut --hostonly ./initramfs-3.9.5 3.9.5
```

--hostonlyオプションを指定することにより、現行のシステムにカスタマイズされた小さなinitramfsを生成することができます。

dracutコマンドは実行のログを/var/log/dracut.logファイルに記録します。

/var/log/dracut.log の例

```
2014年11月7日 金曜日 16:13:04 JST Info: Executing /sbin/dracut -H -f /boot/
initramfs-3.9.5.img 3.9.5
```

《答え》A、B、C、D

問題 2-21　重要度《★★★》

initramfsのファイルタイプはどれですか？　2つ選択してください。

- **A.** cpio
- **B.** tar
- **C.** gzip
- **D.** bzip2

《解説》問題2-19の解説のとおり、initramfsはcpioでアーカイブし、gzipで圧縮しています。

《答え》A、C

問題 2-22　重要度《★★☆》

従来のinitrdよりもinitramfsを使う方がよいとされている理由は何ですか？　1つ選択してください。

- **A.** 従来のinitrdはinitramfsに比べてメモリを消費し、またファイルシステムドライバを必要とする
- **B.** 従来のinitrdはcpio+gzip形式だが、initramfsはファイルシステムなので使いやすい
- **C.** 従来のinitrdはフロッピーディスクを必要とするが、initramfsはメモリを利用する
- **D.** 従来のinitrdはtar+gzip形式だが、initramfsはファイルシステムなので使いやすい

《解説》システム起動時に本来のルートファイルシステムをマウントするために使用する仕組みとして、カーネル2.4まではinitrdを、カーネル2.6からはinitramfsを使用します。initrdはファイルシステム形式をgzipで圧縮したファイル、initramfsはcpio形式のアーカイブをgzipで圧縮したファイルです（ディストリビューションやバージョンによっては、中身はinitramfsであってもファイル名がinitrdとなっているものがあります）。initrdと比べてのinitramfsの利点には次のような点が挙げられます。
- ●ファイルシステムではないので、ファイルシステムドライバを必要としない
- ●ファイルシステムではないので、ブロックデバイスとしてのキャッシュを使用せず、メモリを効率良く使用できる

《答え》A

201試験

問題 2-23　重要度《★★★》：□ □ □

2章
Linuxカーネル

カーネルモジュールを、それが依存するモジュールも含めてロードするコマンドはどれ
ですか？　1つ選択してください。

A. modprobe　　　　　　　　**B.** insmod
C. lsmod　　　　　　　　　　**D.** depmod
E. modinfo

《解説》modprobeコマンドは引数に指定したモジュールを、それが依存するモジュールも
含めてカーネルメモリにロードします。modprobeコマンドは、modules.depファ
イルに記述されたモジュールのパスを参照して、モジュールをロードします。また、
modules.depファイルに依存するモジュールが記述されている場合は、そのモジュー
ルもロードします。
　次の実行例は、カーネルバージョンが2.6.32-358.14.1.el6.x86_64の場合にカーネ
ルモジュールvfat.koをロードする例です。

実行例

```
# ls /lib/modules/2.6.32-358.14.1.el6.x86_64/kernel/fs/fat/vfat.ko ──┐ fat.koのパスを確認
/lib/modules/2.6.32-358.14.1.el6.x86_64/kernel/fs/fat/vfat.ko            vfat.koのパスを確認
# ls /lib/modules/2.6.32-358.14.1.el6.x86_64/kernel/fs/fat/fat.ko ──
/lib/modules/2.6.32-358.14.1.el6.x86_64/kernel/fs/fat/fat.ko

# grep fat /lib/modules/2.6.32-358.14.1.el6.x86_64/modules.dep
kernel/fs/fat/fat.ko:
kernel/fs/fat/vfat.ko: kernel/fs/fat/fat.ko ──── vfat.koはfat.koに依存している
kernel/fs/fat/msdos.ko: kernel/fs/fat/fat.ko

# modprobe vfat ──── modprobeコマンドでvfatモジュールをロード

# lsmod |grep fat ──── vfatと、vfatが依存するfatモジュールがロードされたことを確認
vfat            10584 0
fat             54992 1 vfat
```

modprobeコマンドを含め、カーネルローダブルモジュールを管理するコマンドは次
のとおりです。

ローダブルモジュール管理コマンド

コマンド	主な書式	説明	重要度
depmod	depmod [-a]	モジュールのに依存情報をmodules.depに作成。-aを付けると/lib/modules/カーネルバージョンの下にあるすべてのモジュールの依存情報を作成	★★★
insmod	insmod モジュールパス	モジュールのロード	★★★
lsmod	lsmod	ロードされているモジュールの一覧表示	★☆☆
modprobe	modprobe [-r] モジュール名	モジュールのロード。-rを付けるとアンロード	★★★
modinfo	modinfo モジュール名	モジュール情報の表示	★☆☆
rmmod	rmmod モジュール名	モジュールのアンロード	★★★

39

《答え》A

問題 2-24　　重要度《★★★》：□ □ □

依存するモジュールはロードせず、指定したカーネルモジュールだけをロードするコマンドはどれですか？　1つ選択してください。

A. modprobe 　　　**B.** insmod
C. lsmod 　　　　　**D.** depmod
E. modinfo

《解説》insmodコマンドは指定したモジュールだけをロードします。依存するモジュールがまだロードされていない場合、insmodコマンドはエラーとなります。また、modprobeコマンドのようにmodules.depファイルを参照しないため、絶対パスあるいは相対パスでモジュールのパスを指定する必要があります。
　　次の実行例は、カーネルバージョンが2.6.32-358.14.1.el6.x86_64の場合にカーネルモジュールvfat.koをロードする例です。

実行例

```
# insmod /lib/modules/2.6.32-358.14.1.el6.x86_64/kernel/fs/fat/fat.ko
# insmod /lib/modules/2.6.32-358.14.1.el6.x86_64/kernel/fs/fat/vfat.ko
# lsmod |grep fat
vfat              10584 0          vfat.koをロード
fat               54992 1 vfat     まず、依存するモジュールfat.koをロード
```

《答え》B

問題 2-25　　重要度《★★★》：□ □ □

メモリ上のカーネルに動的リンクされたモジュールを、それが依存するモジュールも含めて削除するコマンドの名前を記述してください。

《解説》modprobeコマンドは引数に指定したモジュールを、それが依存するモジュールも含めて削除します。

40

モジュールを削除する場合は-rオプション（removeオプション）を指定します。-rオプションを指定しない場合は引数に指定したモジュールとそれが依存するモジュールをロードします。

以下は、iptable_filterと、iptable_filterが依存するip_tablesを削除する例です。

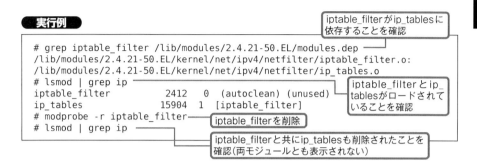

《答え》modprobe

問題 2-26　重要度《★★★》

メモリ上のカーネルに動的リンクされたモジュールを、それが依存するモジュールは削除せず、指定したモジュールだけを削除するコマンドの名前を記述してください。

《解説》rmmodコマンドは指定したモジュールだけを削除するコマンドです。それが依存するモジュールは削除しません。

以下は、iptable_filterとiptable_filterがロードされている時、iptable_filterだけを削除する例です。

■ 実行例
```
# lsmod | grep ip          ← iptable_filterとip_tablesがロードされていることを確認
iptable_filter          2412    0  (unused)
ip_tables              15904    1  [iptable_filter]
# rmmod iptable_filter     ← iptable_filterを削除
# lsmod | grep ip
ip_tables              15904    0   ← iptable_filterだけが削除され、ip_tables
                                      は残っていることを確認
```

《答え》rmmod

問題 2-27

重要度 《★★☆》 ：□□□

カーネルモジュールインストール時にmodprobeコマンドが呼び出すコマンドを記述してください。

《解説》古いバージョンのmodprobeはロードするモジュールのパスを解決した後、insmodコマンドを呼び出してモジュールをロードします。

新しいバージョンのmodprobeはモジュールをロードするための内部の関数insmod()を呼び出しているため、insmodコマンドを呼び出すことはしません。

《答え》insmod

問題 2-28

重要度 《★★★》 ：□□□

カーネルモジュールのパスと、そのモジュールが依存するモジュールのパスが格納されたファイルの名前はどれですか？　1つ選択してください。

A. .config
B. modules.dep
C. modprobe
D. Makefile

《解説》modules.depファイルにはモジュール名、モジュールが格納されたファイルのパス、そのモジュールが依存するモジュール名の情報が格納されています。modules.depは「/lib/modules/カーネルバージョン」の下に置かれています。

modules.dep の書式 モジュールのパス:このモジュールが依存するモジュールのパス

modules.dep の抜粋

```
kernel/net/ipv4/netfilter/ip_tables.ko: ── ip_tablesが依存するモジュールはない
kernel/net/ipv4/netfilter/iptable_filter.ko: kernel/net/ipv4/netfilter/ip_
tables.ko ── iptable_filterはip_tablesに依存する
kernel/net/ipv4/netfilter/iptable_mangle.ko: kernel/net/ipv4/netfilter/ip_
tables.ko ── iptable_mangleはip_tablesに依存する
```

「depmod -a」コマンドの実行により、「/lib/modules/カーネルバージョン」の下に置かれているすべてのモジュールがmodules.depファイルに登録されます。

カーネルコンフィグレーション時の「make modules_install」コマンドの中で、「depmod -a」コマンドは実行されます。

201試験

《答え》B

問題 2-29　重要度《★★★》

コンパイルしたモジュールを「/lib/modules/カーネルバージョン」以下の適切なディレクトリに移動しました。「modprobe モジュール名」コマンドを実行しましたが、モジュールのロードに失敗しました。このモジュールを使用できるようにするために必要な操作はどれですか？　1つ選択してください。

A. modules.conf または modprobe.conf を編集する
B. システムを再起動する
C. depmodコマンドを実行する
D. カーネルを再コンパイルする

《解説》モジュールを「/lib/modules/カーネルバージョン」以下の適切なディレクトリに置いたにもかかわらず、modprobeコマンドでモジュールをロードできないのは、modprobeがモジュールのロード時に参照するmodules.depファイルに新しいモジュールの情報が登録されていないことが原因と考えられます。これは「depmod -a」コマンドを実行して、modules.depファイルを更新することにより解決できます。

《答え》C

2章

Linux×カーネル

43

201試験

システムの起動

3章

本章のポイント

❖ブートローダ

カーネルとinitramfsをディスクから読み込んで
メモリにロードするGRUB、GRUB2の設定と
インストールについて理解します。
また、LILO、SYSLINUXなどのGRUB以外の
ブートローダや、PXEによる起動の仕組みにつ
いても理解します。

重要キーワード

ファイル：menu.lst、grub.conf、grub.cfg
コマンド：grub、grub-install、lilo、
syslinux、extlinux

❖カーネルの初期化

GRUBブートローダによってディスクから読み込
まれてメモリにロードされたカーネルは、自分自
身を解凍し、初期化シーケンスを実行し、最終
段階で最初のユーザプロセスinitを生成します。
このシーケンスの中でルートファイルシステムを
マウントするためにinitramfsが利用されます。
カーネルの初期化シーケンスとinitramfsについ
て理解し、起動時のトラブルへの対処方法も学
びます。

重要キーワード

ファイル：vmlinuz, initramfs
コマンド：init, cpio, dmesg

❖サービスの起動

カーネルから生成されたinitプロセスは/etc/
inittabファイルを参照し、RCスクリプトを実行
して指定されたデフォルトのランレベルに対応し
た様々なサービスを起動します。
サービス起動の仕組みと、サービスの起動と停
止のためのコマンドについて理解します。

重要キーワード

ファイル：/etc/inittab
コマンド：init、chkconfig、update-rc.d

問題 3-1　重要度 ★★★

Linuxの起動シーケンスで正しいものはどれですか？ 1つ選択してください。

A. init => BIOS => カーネル => GRUB => RCスクリプト
B. BIOS => GRUB => カーネル => init => RCスクリプト
C. init => カーネル => BIOS => RCスクリプト => GRUB
D. BIOS => カーネル => init => RCスクリプト => GRUB

《解説》一般的なLinuxの起動シーケンスは次のようになります。

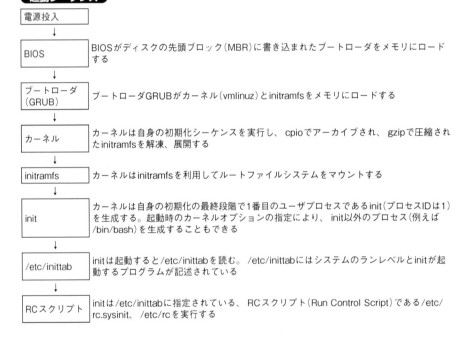

あわせてチェック！

RCスクリプトのインタプリタとして/bin/bashあるいは/bin/shが使用されています。/bin/bashを使用する場合のRCスクリプトの1行目には、「#!/bin/bash」と記述します。

《答え》B

201試験

問題 3-2　　重要度 《★★☆》 ☐☐☐

システム起動時に表示される「ro root=/dev/hda1 hdc=ide-scsi」のメッセージは、何を示していますか？　1つ選択してください。

A. カーネルロードのパラメータ　　　**B.** ブートローダのロード

C. ハードウェアの初期化と設定　　　**D.** モジュールの初期化と設定

3章 システムの起動

《解説》 このメッセージはカーネルに渡されるパラメータの表示です。GRUBブートローダがカーネルをロードする時に表示します。各パラメータは問題3-9の解説を参照してください。

参考

「hdc=ide-scsi」は/dev/hdcにCD-R/RWドライブが接続されている場合の例で、SCSIエミュレーションのためのモジュールide-scsiを組み込んでいます。

以下は起動時のGRUBメニュー画面の後に表示されるカーネルロードのメッセージの例です。

GRUB によるカーネルロード時の表示例

```
 Booting 'CentOS-4 i386  (2.6.9-42.EL)'

root  (hd0,0)
 Filesystem type is ext2fs  partition type 0x83
kernel /boot/vmlinuz-2.6.9-42.EL ro root=LABEL=/ rhgb ──── カーネルロード時の
   [Linux-bzImage  setup=0x1400  size=0x16dd65]            メッセージ
initrd /boot/initrd-2.6.9-42.EL.img
   [Linux-initrd @ 0x17f89000  0x61615 bytes]

Uncompressing Linux... Ok  booting the kernel.
```

47

GRUB のロードシーケンス

注）BIOS仕様に従い、セクタ番号は最初の番号を1として順に表記しています。

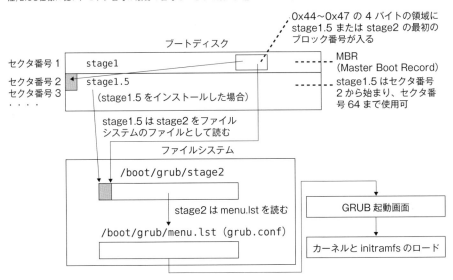

GRUBは、stage2のプログラムが設定ファイル/boot/grub/menu.lstを読み、その記述に従ってカーネルとinitramfsをメモリにロードします。

以下は設定ファイルの例です。

menu.lst（grub.conf）ファイルの例

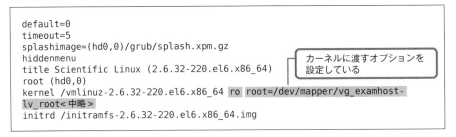

設定ファイルの項目

主な項目	説明
default	デフォルトで起動するOSを定義する。titleでエントリされた何番目のものかを表す。最初のtitleエントリは0番目
timeout	OSを自動起動するまでの待機時間を定義する
splashimage	GRUBメニューの背景画像を指定する
hiddenmenu	GRUBメニューを非表示にする
title	起動するOSに対して名前を定義する。マルチブート環境の場合は、複数定義する。1つのtitleエントリは、次のtitle行か、ファイルの終わりまでが設定内容となる
root	ルートデバイスを定義する。カーネルや初期RAMディスクイメージが保存されているパーティションを指定する
kernel	カーネルのイメージファイルとカーネルオプションを指定する
initrd	初期RAMディスクのイメージファイルを指定する

201試験

《答え》A

問題 3-3

重要度 《★★★》 ： □ □ □

システム起動後のランレベルを指定する箇所についての説明で正しいものを1つ選んでください。

A. GRUBのkernel行と/etc/inittabで指定できる。GRUBのkernel行が優先する
B. GRUBのkernel行と/etc/inittabで指定できる。/etc/inittabが優先する
C. GRUBのkernel行でのみ指定ができる
D. /etc/inittabでのみ指定ができる

《解説》システム起動後のランレベルは/etc/inittabで指定しますが、この指定とは異なったランレベルで立ち上げる必要がある場合などにGRUBのkernel行でランレベルを指定できます。この場合はGRUBのkernel行が優先します。

《答え》A

問題 3-4

重要度 《★★★》 ： □ □ □

GRUB2の説明として適切なものは次のどれですか？　3つ選択してください。

A. GRUB2はboot.img、core.img、複数のモジュールなどから構成されている
B. GRUB Legacyを構成するstage1、stage1.5、stage2はGRUB2にはない
C. 設定ファイルはgrub-mkconfigコマンドで生成する
D. GRUB2には設定ファイルは必要ない

《解説》GRUB2はGRUB Legacy（GRUB1）の後継として開発されているブートローダです。モジュールを動的ロードする機能を持ち、リカバリモードやメモリテストのメニューがあります。 GRUB2のインストールはGRUB Legacyの場合と同じ書式で「grub-install デバイス名」を実行します。

また、 GRUB LegacyとGRUB2の主な違いは以下のとおりです。

●起動時に実行されるバイナリの構成

GRUB LegacyとGRUB2では、起動時に実行されるバイナリの構成が異なり、 GRUB2ではGRUB Legacyのstage1、 stage1.5、 stage2はなくなりました。代わりにboot.

imgとcore.img、動的にロードされる複数のモジュールから構成されます。GRUB2のインストール時に動的に生成されるboot.imgはディスクの先頭ブロック512KBの領域(MBR)に書き込まれます。またGRUB2のインストール時にGRUB2のベースコードとファイルシステムモジュール(標準的にはext2.mod)など少数のモジュールを含むcore.imgが動的に生成されます。core.imgはGRUB Legacyのstage1.5と同じくMBRの直後の領域に書き込まれます。

BIOSから読み込まれたboot.imgがcore.imgを読み込み、core.imgは/boot/grubディレクトリ下に置かれている必要なモジュール(xx.mod)をファイルシステムのファイルとしてロード/リンクします。

GRUB2のロードシーケンス

注)BIOS仕様に従い、セクタ番号は最初の番号を1として順に表記しています。

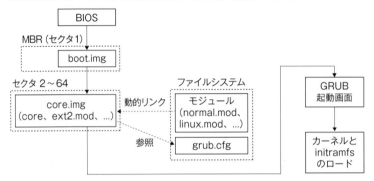

● 設定ファイルとディレクトリ

GRUB2では設定ファイルとディレクトリがGRUB Legacyとは異なっています。以下、GRUB2の主なディレクトリと設定ファイルです。

GRUB2のディレクトリと設定ファイル

主なディレクトリと設定ファイル	説明
/boot/grub	設定ファイルとモジュールの置かれたディレクトリ
/boot/grub/grub.cfg	設定ファイル
/usr/lib/grub/i386-pc	モジュールの置かれたディレクトリ。この下のモジュールがGRUB2のインストール時に/boot/grubの下にコピーされて使用される
/etc/grub.d	設定ファイルgrub.cfgの生成時に実行されるスクリプトが置かれたディレクトリ。この下にある30_os-proberスクリプトはディスクにインストールされているOSを検索する。検知されたOSはgrub.cfgのmenuentryに登録される

● grub-mkconfigコマンド

grub-mkconfigは設定ファイルgrub.cfgを生成するコマンドです。grub-mkconfigを引数なしで実行すると設定ファイルの内容を標準出力に出力します。grub.cfgを作成するには「grub-mkconfig > /boot/grub/grub.cfg」として実行するか、-oオプションにより出力ファイルを指定して「grub-mkconfig -o /boot/grub/grub.cfg」として実行します。

201試験

作成されたgrub.cfgではデバイス番号は0から始まり、パーティション番号は0からではなく1から始まるので注意してください。

《答え》A、B、C

問題 3-5

重要度《★★★》: □ □ □

3章
システムの起動

GRUB2の設定ファイル/boot/grub/grub.cfgに以下の設定があります。システムをランレベル3で立ち上げるにはどのようにすればよいですか？　1つ選択してください。

grub.cfg

```
set root='hd0,msdos1'
linux /boot/vmlinuz-3.9.5 root=/dev/sda1 ro
initrd /boot//initramfs-3.9.5.img
```

A. setで始まる行の最後に3を追加する
B. linuxで始まる行の最後に3を追加する
C. initrdで始まる行の最後に3を追加する
D. linuxで始まる行の「linux」を「kernel」に変更して、行の最後に3を追加する
E. grub.cfgではランレベルの指定はできない。/etc/inittabを編集する

《解説》GRUB2では、設定ファイルgrub.cfgはgrub-mkconfigコマンドで「grub-mkconfig ＞ /boot/grub/grub.cfg」あるいは「grub-mkconfig -o /boot/grub/grub.cfg」として自動生成しますが、本問のように生成したgrub.cfgを編集して設定を変更することもできます。

問題文の記述行の説明は次のとおりです。

●1行目：set root='hd0,msdos1'

「set root=」で、ブートするカーネルとinitrdの置かれているディスクとパーティションを'ディスク,パーティション'で指定します。ディスクhd0はdevice.mapファイルでマップされたデバイスです。パーティションmsdos1は1番目のパーティションで、パーティション番号は1から始まります。

従来のMBR（Master Boot Record）パーティションの場合は、 msdos1、 msdos2 ……となります。 EFI（Extensible Firmware Interface）で使用されるGPT（GUID Partition Table）の場合は、 gpt1、 gpt2……となります。

●2行目：linux /boot/vmlinuz-3.9.5 root=/dev/sda1 ro

linuxで始まる行で、カーネルと引数を指定します。引数にランレベルを追加することで、指定したランレベルで立ち上げることができます。

51

設定例

```
linux /boot/vmlinuz-3.9.5 root=/dev/sda1 ro 3    ── ランレベル3で立ち上げる設定
```

ディストリビューションによっては、「linux」に代わり、「linux16（BIOSにより16ビットモードでブート）」や「linuxefi（EFIでブート）」のように指定する場合もあります。

●**3行目：initrd /boot//initramfs-3.9.5.img**

initrdで始まる行で、initramfsを指定します。ディストリビューションによっては、「initrd」に代わり、「initrd16（BIOSにより16ビットモードでブート）」や「initrdefi（EFIでブート）」のように指定する場合もあります。

また、次の点に注意する必要があります。

●GRUB1（Legacy GRUB）ではパーティション番号は0から始まるが、GRUB2では1から始まる

●GRUB1（Legacy GRUB）ではカーネルは「kernel」で始まる行で指定するが、GRUB2では「linux」で始まる行で指定する

《答え》B

問題 3-6

重要度 《★★★》 ： □ □ □

GRUBが参照し、ディスクドライブのGRUB書式のデバイス名をLinuxデバイス名にマッピングするファイルのファイル名のみ記述してください。

《解説》GRUBの設定ファイルの中ではディスクとパーティションは（ディスク,パーティション）の書式で設定されます。

以下はGRUBメニューの背景として表示されるスプラッシュイメージの場所を指定する例です。

設定例

```
splashimage=(hd0,2)/boot/grub/splash.xpm.gz
```

上記の例のhd0とディスクのデバイス名との対応は/boot/grub/device.mapに格納されています。

設定例

```
# cat /boot/grub/device.map
(hd0)    /dev/sda
```

201試験

上記の例ではGRUBの設定ファイルに書かれた(hd0)のデバイス名は/dev/sdaになります。

《答え》device.map

3章 システムの起動

問題 **3-7**

重要度 《★★★》 ： □ □ □

ファイルシステムから、カーネルコードを格納しているファイルが消失しました。この状態でシステムを起動するとどうなりますか？　1つ選択してください。

A. カーネルパニックとなる
B. ブートローダがエラーを表示して停止する
C. bashシェルがプロンプトを表示して入力待ちの状態になる
D. initがエラーを表示して停止する

《解説》カーネルパニックは、処理続行が不能となった場合に、カーネル内のpanic()関数の実行により起こります。本問はカーネルがロードされる前の状態なので、選択肢Aは誤りです。本問ではブートローダがカーネルコードを格納しているファイルを見つけられないので、ブートローダによる「File not found」のエラーとなります。したがって、選択肢Bが正解です。initプロセスもbashプロセスもカーネルが生成します。本問はカーネルがロードされる前の状態なので、選択肢Cと選択肢Dは誤りです。

《答え》B

問題 3-8　重要度 《★★★》 : □ □ □

システム立ち上げ時、カーネルがルートファイルシステムをマウントする時、最初は read-onlyで、その後read-writeでマウントする理由は何ですか？　適切なものを1つ選択してください。

A. ファイルシステムが正常であるかどうかをfsckでチェックしてから、read-writeでマウントするため

B. 最初はread-onlyでないと、カーネルがルートファイルシステムにアクセスできないため

C. 最初はread-onlyでないと、ブートローダがカーネルをロードできないため

D. initプロセスがread-onlyでルートファイルシステムにアクセスするため

E. rootのパスワードを知らないユーザがファイルシステムを変更できないようにするため

《解説》システム立ち上げ時、最初に実行されるRCスクリプト/etc/rc.sysinitの中で「fsck -a」によりルートファイルシステムおよび/etc/fstabに登録されているファイルシステムをチェックし、fsckの返り値によりファイルシステムが正常であることが確認されたら「mount -n -o remount,rw /」の実行により、ルートファイルシステムをread-writeでremountします。したがって、選択肢Aが正解です。

《答え》A

問題 3-9　重要度 《★★★》 : □ □ □

複数のCPUを搭載したハードウェアで、SMP（Symmetric　Multiprocessing：対称型マルチプロセッシング）対応のカーネルが稼働しています。このシステムをデバッグするために、一時的にCPUを1個だけで動作させたい場合、ブートローダで指定するパラメータは何ですか？　指定可能なパラメータを2つ選択してください。

A. smp

B. nosmp

C. ncpus=1

D. maxcpus=1

《解説》GRUBメニューのkernel行では圧縮されたカーネルコードを格納しているファイル名と、カーネルに渡すオプションを指定します。

nosmpオプションは、非SMPの指定により単一CPUを使用するオプションです。maxcpusオプションは、使用するCPUの最大個数を指定するオプションです。この値に1を指定することで単一CPUで動作します。

またここでは、カーネルを経由してinitプロセスに渡すオプションも指定できます。

オプション

主なオプション	説明
ro	ルートパーティションを読み取り専用でロードする
root=	ルートパーティションを指定する。ルートファイルシステムのパーティション名もしくはラベル名で定義する
quiet	ほとんどのカーネルメッセージを抑制し、表示を行わない
nosmp	SMP（Symmetric Multi-Processing：対称型マルチプロセッシング）対応のカーネルであっても、非SMPによる単一プロセッサでの処理を行う
maxcpus=	使用するCPUの最大個数を指定する。SMP対応カーネルであっても、この値を1に指定することで単一CPUで動作する
init=	「init=/bin/bash」と指定すると、カーネルが生成する1番目のプロセスをinitではなく他のプログラム（/bin/bash）に設定する。/etc/inittabの記述ミスでシステムが立ち上がらないときなど、この方法で立ち上げ、シェルから回復作業ができる

《答え》B、D

問題 3-10　　重要度《★★☆》：□□□

ブート時のプロンプトでカーネルパラメータを指定して起動した場合、そのパラメータを起動後に確認するにはどのファイルを見ればよいですか？　1つ選択してください。

A. /proc/stat　　　　　　　　**B.** apm
C. kmsg　　　　　　　　　　　**D.** /proc/cmdline

《解説》カーネル情報を保持する擬似ファイルシステムprocの中の/proc/cmdlineファイルにはブート時にブートローダから渡されたパラメータが格納されています。

《答え》D

問題 3-11

重要度 《★★★》 □ □ □

GRUBをインストールするコマンドとして正しいものはどれですか？ 1つ選択してください。

A. /boot/grub/stage1 /dev/sda

B. /boot/grub/stage1 -install /dev/sda

C. grub -install /dev/sda

D. grub-install /dev/sda

《**解説**》grub-install（/sbin/grub-install）コマンドにより引数で指定したファイルシステムにGRUBをインストールできます。

grub-installは、コマンド内でgrubコマンドを実行するシェルスクリプトです。

grub-install コマンドの実行例

```
# grub-install /dev/sda
```

grub-installの実行により/boot/grub/stage1ファイルの内容が指定したファイルシステムの先頭ブロック（MBR）に書き込まれます。

問題3-2の解説のとおり、stage1を書き込んだ先頭ブロックの0x44〜0x47の4バイトの領域にstage1.5またはstage2の最初のブロック番号が書き込まれます。

/boot/grub/stage2が置かれているファイルシステムタイプに対応するstage1.5がある場合はstage1.5を書き込み、ない場合はstage2の最初のブロック番号が書き込まれます。

《**答え**》D

201試験

問題 3-12

重要度 《★★☆》 ： □ □ □

システム起動時に表示される次のメッセージは、何を示していますか？　1つ選択してください。

表示例

```
ide1 at 0x1f0-0x1f7,0x3f6 on irq 14
```

A. カーネルロードのパラメータ　　　**B.** ブートローダのロード
C. ハードウェアの初期化と設定　　　**D.** モジュールの初期化と設定

《解説》 このメッセージはカーネルの初期化シーケンスの中でハードウェアの初期化および設定をする時に表示されるメッセージです。

カーネル初期化時に表示されるメッセージの例

```
                                        カーネルオプションについてのメッセージ
Linux version 2.6.32-220.el6.x86_64 (mockbuild@sl6.fnal.gov) (gcc version
4.4.5 20110214 (Red Hat 4.4.5-6) (GCC) ) #1 SMP Sat Dec 10 17:04:11 CST
2011      カーネルバージョンについてのメッセージ
Command line: ro root=UUID=0dd8c15b-c0b2-4eb0-8075-0a07d9b3eaee  (中略)
pci 0000:00:1c.0: PCI INT A -> GSI 16 (level, low) -> IRQ 16
sd 0:0:0:0: [sda] 312581808 512-byte logical blocks: (160 GB/149 GiB)
.............. (以下省略) ...................
                                    検知したディスクドライブについてのメッセージ
                                            PCIバスについてのメッセージ
```

カーネルがGRUBによってメモリにロードされた後、初期化を実行し、最初のプロセスであるinitを生成するまでのシーケンスは次のようになります。

3章

システムの起動

57

カーネル起動時の初期化シーケンス

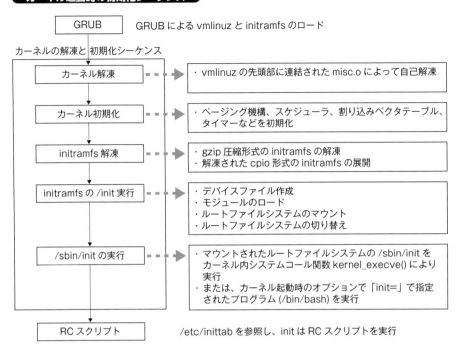

《答え》C

問題 3-13　重要度《★★★》

システムの起動時にカーネル自身の情報や検知したハードウェアについてのメッセージが表示されます。システムを立ち上げた後にログインし、起動時のカーネルメッセージが記録されている循環バッファ（リングバッファ）の内容を表示するコマンドのコマンド名のみ記述してください。

《解説》カーネルの起動時のメッセージはカーネル内の循環バッファと呼ばれる領域に記録されます。起動後のカーネルメッセージも記録されます。
　　　　カーネルの循環バッファの内容を表示するにはdmesgコマンドを使用します。

dmesgコマンドの構文　dmesg [-c] [-r] [-n level] [-s bufsize]

オプション

主なオプション	説明
-c	循環バッファの内容を表示した後、バッファの内容をクリアする。rootユーザのみが使用できるオプション
-r	バッファ内のログレベルのプレフィックスを削除することなく、そのまま表示する
-n レベル	循環バッファに書き込むログレベルを指定する。rootユーザのみが使用できるオプション
-s バッファサイズ	読み込むコマンド側のバッファのサイズを指定する。デフォルトのサイズは16,392バイト(16,384バイトに、ライブラリ関数malloc()により動的に確保する領域のヘッダ部8バイトを足した値)

カーネル関数printk()によりメッセージが循環バッファに書き込まれます。dmesgはシステムコールklogctl()を発行して循環バッファの内容を読みます。

dmesg コマンドと循環バッファ

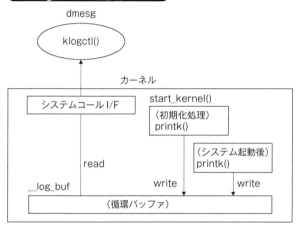

循環バッファのデフォルトのサイズはカーネルバージョンやアーキテクチャにより異なります。カーネルバージョン2.6、アーキテクチャx86ではデフォルトのサイズは2^{18}=262,144バイトです。x86以外の多くのアーキテクチャでは2^{14}=16,384バイトとなっています。

カーネル循環バッファの概念図

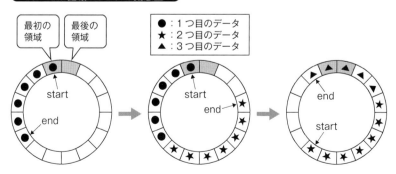

循環バッファではバッファの最初の領域と最後の領域がつながって環状になっています。バッファの最後の領域に格納されたデータの次のデータはバッファの最初の領域から順に格納されていき、以前のデータは消去されます。

カーネル循環バッファではポインタstartがバッファ内の最初のデータを、endが最後のデータを指します。

システム起動後に出力されたカーネルメッセージのサイズがバッファの最後の領域を超えた場合、起動時のメッセージは消去されてしまい、dmesgコマンドで表示されません。これに対応するため、システム起動時のRCスクリプトの中でdmesgコマンドが実行され、その出力を/var/log/dmesgファイルに格納しています。

《答え》dmesg

mainlineカーネル3.9のソースから、カーネルコンフィグレーションにより生成したinitramfsを解凍、展開したところ、次のようになっていました。システム起動時にこのinitramfsがルートディレクトリ/にマウントされた後、最初に実行されるコマンドは何ですか？ 1つ選択してください。

実行例

```
$ ls -F
bin/                init*               lib64/              sbin/
cmdline/            initqueue/          mount/              sys/
dev/                initqueue-finished/ pre-pivot/          sysroot/
dracut-004-303.el6  initqueue-settled/  pre-trigger/        tmp/
emergency/          initqueue-timeout/  pre-udev/           usr/
etc/   lib/
```

A. /initが実行される
B. /bin/mkdirが実行され、必要なディレクトリが作成される
C. /bin/mknodが実行され、必要なデバイスファイルが作成される
D. /bin/mountが実行され、擬似ファイルシステムがマウントされる
E. /bin/mountが実行され、ルートファイルシステムがマウントされる

《解説》システム起動時にinitramfsがルートディレクトリにマウントされた後、initramfsの/initコマンドが実行されます。

/initはディスク内の本来のルートファイルシステムをマウントするために、以下の処理を行います。

①/bin/mknodコマンドにより必要なデバイスファイルを作成する
②/bin/mkdirコマンドにより必要なディレクトリを作成する

③/bin/mountコマンドにより擬似ファイルシステムをマウントする
④/bin/mountコマンドによりディスク内のルートファイルシステムを/sysrootにマウントする
⑤/sbin/switch_rootコマンドによりディスク内のルートファイルシステムに切り替える

なお、上記は処理の概略で、ディストリビューションやdracutのバージョンにより若干異なります。

initramfsは、カーネルコンフィグレーション手順の中の「make install」コマンドの実行や、カーネルのバイナリパッケージのインストール時に作成されます。作成手順の詳細については問題2-20の解説を参照してください。

《答え》A

Linuxをインストールしました。他のOSはインストールされていません。BIOSから呼び出されるブートローダLILOのコードがある場所はどこですか？ 1つ選択してください。

　A. マスターブートレコード（MBR）
　B. ブートセクタ
　C. /bootディレクトリ内
　D. カーネルがあるディレクトリ内

《解説》マスターブートレコード（MBR）はディスクの先頭セクタ（セクタ番号1、512バイト）にあります。ブートセクタはディスクおよび各パーティションの先頭トラック（セクタ番号2〜64）の領域です。マシンの起動時にBIOSはMBRの領域に書かれたブートプログラムをメモリに読み込んで実行します。Linuxだけがインストールされている場合はLinuxのブートローダ（LILOあるいはGRUB）がMBRの領域に書き込まれています。したがって、選択肢Aが正解です。

複数のOSをインストールした場合は、MBRに書かれたブートローダがパーティションのブートセクタの先頭（パーティションブートレコード：PBR）に書き込んだ別のブートローダを呼び出すチェインローダと呼ばれる仕組みを利用することもできます。

《答え》A

問題 3-16

重要度 《★★★》 ： □ □ □

Linuxのブートローダをインストールするコマンドの説明で正しいものはどれですか？
2つ選択してください。

A. grub-installコマンドでGRUBをインストールする
B. liloコマンドでLILOをインストールする
C. syslinuxコマンドでEXT2/EXT3用SYSLINUXをインストールする
D. extlinuxコマンドでFAT用SYSLINUXをインストールする

《解説》各ブートローダをインストールする手順を説明します。
次の実行例は、GRUBを/dev/sdaにインストールする例です。

実行例

```
# grub-install /dev/sda
```

次の実行例は、LILOを/dev/sdaにインストールする例です。

実行例

```
# grep ^boot /etc/lilo.conf
boot=/dev/sda
# lilo
```

次の実行例では、EXT2/EXT3用SYSLINUXをインストールしています。ブートする
ファイルシステムをマウントしたディレクトリ(例：/mnt)を引数で指定します。

実行例

```
# extlinux --install /mnt
```

次の実行例は、FAT用SYSLINUXをフロッピーディスクにインストールする例です。

実行例

```
# syslinux --install /dev/fd0
```

《答え》A、B

問題 3-17 重要度 ★★★

PXEについての説明で適切なものはどれですか？ 3つ選択してください。

A. PXEはPreboot eXecution Environmentの略である
B. クライアントはネットワークを介してブートプログラムを取得する
C. クライアントはダウンロードしたブートプログラムを自分のディスクに保存する
D. ブートプログラムはネットワークを介してカーネルとinitramfs（またはinitrd）をロードする

《解説》 PXE (Preboot eXecution Environment) はIntel社が策定したネットワークブートのプロトコルです。ネットワークを介したインストールやディスクレスクライアントに利用されます。

クライアントマシンのPXE対応のNICがネットワーク上のサーバからNetwork Bootstrap Program (NBP) をダウンロードし、NBPがカーネルとinitramfsをダウンロードして起動します。サーバ側ではDHCPサーバとTFTPサーバのセットアップが必要です。

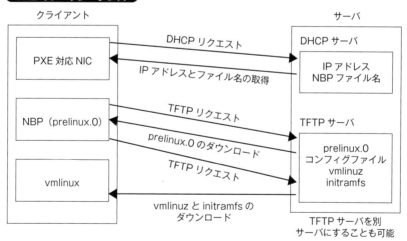

PXEのブートシーケンス

NBPはクライアントのメモリにロードされ、ディスクにはロードされないので、選択肢Cは誤りです。

参考

以下はDHCPサーバとTFTPサーバの設定例です。

DHCP サーバの設定

```
(dhcpパッケージをインストールする)
# yum install dhcp

(dhcpd.confの編集)
# vi /etc/dhcp/dhcpd.conf（抜粋）
subnet 192.168.1.0 netmask 255.255.255.0 {
  range 192.168.1.128 192.168.1.254;
  filename "sl65/pxelinux.0";
}
```

dhcpd.confファイルでは、filenameにTFTPディレクトリ（例：/var/lib/tftpboot）以下のNBP（例：pxelinux.0）へのパスを指定します。なお、DHCPサーバとTFTPサーバが異なる場合はnext-serverでTFTPサーバのIPアドレスを指定します（例：next-server 192.168.1.1）。

TFTPサーバの設定をするには、tftp-serverパッケージとsyslinuxパッケージ（あるいはsyslinux-tftpboot）をインストールします。NBP（pxelinux.0）はsyslinuxパッケージに含まれています。

TFTP サーバの設定

```
(tftpサービスをオンに設定する)
# chkconfig tftp on
# cat /etc/xinetd.d/tftp（抜粋）
service tftp
{
        disable     = no
        server      = /usr/sbin/in.tftpd
        server_args = -s /var/lib/tftpboot
}

(prelinux.0が参照するコンフィグレーションファイルを置くディレクトリを作成)
# mkdir -p /var/lib/tftpboot/sl65/pxelinux.cfg

(syslinuxパッケージのprelinux.0をコピー)
# cp /usr/share/syslinux/pxelinux.0 /var/lib/tftpboot/sl65

(コンフィグレーションファイルを作成)
# vi /var/lib/tftpboot/sl65/pxelinux.cfg/default
default ScientificLinux6.5
label ScientificLinux6.5 x86_64
kernel vmlinuz-2.6.32-431.el6.x86_64
append load initrd=initramfs-2.6.32-431.el6.x86_64.img ...
```

これだけではvmlinuxをブートするところまでなので、append行にはその後に必要な処理（キックスタートの指定など）を追加します。

/var/lib/tftpboot へ必要なファイルのコピー例

```
(vmlinuzとinitramfsをコピー)
# cp /boot/vmlinuz-2.6.32-431.el6.x86_64 /var/lib/tftpboot/sl65/pxelinux.cfg
# cp /boot/initramfs-2.6.32-431.el6.x86_64.img /var/lib/tftpboot/sl65/pxelinux.cfg
```

《答え》 A、B、D

201試験

問題 3-18

重要度 《★★☆》 ： □ □ □

システム起動時にルートファイルシステムをマウントした後、プロセスの起動に失敗して、エラーメッセージを表示して止まりました。修復するにはどうすればいいですか？
1つ選択してください。

A. 立ち上げ時のブートローダの指定で、ランレベルを1に指定する
B. 立ち上げ時のブートローダの指定で、初期プロセスをinitに代えて/bin/bashを指定する
C. ブートローダの再インストールを行う
D. Linuxの再インストールを行う

《解説》 現象から、カーネルが最初に生成するプロセスinitか、 initが参照する設定ファイル/etc/inittabに何らかの問題があると推定できます。

問題3-12の解説の「カーネル起動時の初期化シーケンス」のとおり、立ち上げ時のブートローダのオプション指定で「init=/bin/bash」とすることにより、 initに代えてbashを起動して修復作業を行います。

《答え》 B

問題 3-19

重要度 《★★★》 ： □ □ □

システムの立ち上げ時にinitによって参照される、システムのデフォルトのランレベルを指定するファイルの名前を絶対パスで記述してください。

《解説》 カーネルが生成する最初のユーザプロセスであるinit (/sbin/init) は起動すると/etc/inittabを読みます。 /etc/inittabにはシステムのデフォルトのランレベルと、ランレベルに対応してinitが起動するプログラムが記述されています。

ランレベルとはシステムの動作モードのことで、停止、再起動、稼働時のサービスの提供/享受などを定義します。 RedHat系Linuxでの主なランレベルには、 0、 1、 3、 5、6があります。

3章

システムの起動

65

ランレベル

主なランレベル	サービス	説明
0	停止	システムの停止
1	シングルユーザ	rootだけログイン可能。システムのメンテナンスで使用される
3	マルチユーザ	rootだけでなく一般ユーザもログイン可能。コンソールに表示されたログインプロンプトからログインする
5	マルチユーザ+GUI画面	ディスプレイマネージャのログイン画面からX Window Systemにログインする。[Ctl]+[Alt]+[Fn]キーの操作によりコンソールからもログインできる
6	再起動	システムの再起動

/etc/inittabは、:で区切られた以下の4つのフィールドから成ります。

書式 id:runlevels:action:process

/etc/inittab のフィールド

フィールド名	説明
id	各エントリの識別子。1〜4文字からなる
runlevels	ここで指定されたランレベルの時、第4フィールドのコマンドを実行する
action	どのような動作をすべきかを指定する initdefault：システムの起動完了後のランレベルを第2フィールドで指定。第4フィールドは無視される sysinit：システム起動時にこのエントリの第4フィールドのコマンドが最初に実行される。第2フィールドは無視される wait：第4フィールドのコマンドが一度だけ実行される。実行終了を待って(wait)、次のエントリに進む respawn：ここで起動されたデーモンは終了すると再起動(respawn)される。デーモンの終了を待たずに次のエントリに進む
process	第2フィールドのランレベルと一致した時に実行するコマンド/デーモンの指定

システム起動後のデフォルトのランレベルは、idフィールドがid、actionフィールドがinitdefaultであるエントリのrunlevelsフィールドで指定します。

initは上のエントリから下のエントリに向かって該当するコマンド/デーモンを実行していきます。

/etc/inittab の抜粋

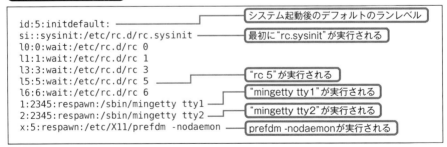

デフォルトのランレベルが5に指定されているので、処理は吹き出しでコメントしたエントリのコマンド/デーモンが実行されます。

この例で実行される各コマンドの機能は次のようになります。

●/etc/rc.d/rc.sysinit
システムの最も基本的な設定を行うシェルスクリプトです。

●/etc/rc.d/rc 5
引数の5（ランレベル）に対応するタスク/サービスを起動するシェルスクリプトです。

●/sbin/mingetty tty1
コンソールtty1にログインプロンプトを表示して入力を待ちます。tty2～tty6についても同様です。

●/etc/X11/prefdm -nodaemon
X11のグラフィカルなログインのディスプレイマネージャを選択し起動するシェルスクリプト（Preferred Display Manager）です。主なディスプレイマネージャとして、GNOME標準のgdm、KDE標準のkdm、X11標準のxdmがあります。

init（/sbin/init）が起動した後のシーケンスは次のようになります。

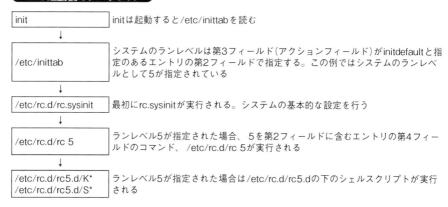

init 起動後のシーケンス

ランレベル3の場合は/etc/rc.d/rc3.d（ランレベル5の場合は/etc/rc.d/rc5.d）の下のKとSで始まるシェルスクリプトが実行されます。Kで始まるスクリプトはプロセスをkillするスクリプト、Sで始まるスクリプトはプロセスをstartするスクリプトで、いずれも/etc/init.dの下のスクリプトへのシンボリックリンクです。Sで始まるシンボリックリンクを作ることにより、システムの立ち上げ時にサービスを起動する設定ができます。

initが/etc/inittabを参照し、そこに記述されたシェルスクリプトを実行する仕組みはAT&T社が開発したUNIX System Vで初めて導入されたため、このシーケンスを実行するinitプロセスはSysV initと呼ばれています。

《答え》/etc/inittab

問題 3-20

重要度 《★★★》 : □ □ □

inittabファイルで、第1フィールドがidの第3フィールドで指定されているアクションを記述してください。

《解説》問題3-19の解説のとおり、第1フィールドがidの行ではシステムのデフォルトのランレベルを指定するため、第3フィールドでのactionは「initdefault」と指定されています。

《答え》initdefault

問題 3-21

重要度 《★★★》 : □ □ □

/etc/inittabでデフォルトのランレベルを指定するアクションを記述してください。

《解説》問題3-19の解説のとおり、inittabファイルでデフォルトのランレベルを指定するアクションは「initdefault」です。

《答え》initdefault

問題 3-22

重要度 《★★★》 : □ □ □

/etc/inittabにデフォルトのランレベルを指定しましたが、そのランレベルで立ち上がりません。他にランレベルを指定しているものがあると思われます。それはどこですか？
1つ選択してください。

A. ~/.bashrcの中で指定されている
B. /etc/fstabの中で指定されている
C. カーネルの中にハードコードされている
D. ブートローダの設定ファイルで指定されている

《解説》デフォルトのランレベルは、/etc/inittab以外ではブートローダのkernel行の引数で指定できます。ブートローダの引数で指定したランレベルは/etc/inittabファイルで指定したデフォルトのランレベルより優先されます。

68

201試験

以下の例ではkernel行の最後の引数として、ランレベルを3に設定しています。

/boot/grub/menu.lst での設定例

```
kernel /vmlinuz-2.6.32 ro root=/dev/sda1 quiet rhgb 3
```

《答え》D

3章
システムの起動

問題 3-23　　　　重要度 《★★☆》 □ □ □

システムを再起動したときにファイルシステムのチェックを行うコマンドはどれですか？
1つ選択してください。

A. shutdown -r now
B. shutdown -r -F now
C. shutdown -c now
D. shutdown -r -f now

《解説》リブート時にfsckを行うオプションは-Fです。
-cは現在実行中のシャットダウンをキャンセルするオプションです。
-fは/fastbootファイルを作成することにより、起動時にfsckを実行しないオプション
です。

《答え》B

問題 3-24　　　　重要度 《★★★》 □ □ □

シングルユーザモードでログインしてトラブルを解消しました。すぐに使用するために
実行するコマンドはどれですか？　1つ選択してください。

A. reboot
B. telinit 3
C. shutdown -r now
D. shutdown -h now

《解説》rebootやshutdownで再起動して全起動シーケンスを確認する方法もありますが、す
ぐに使用するには再起動せずにシングルユーザモード（ランレベル1）からランレベル3
あるいはランレベル5に切り替えることでユーザがログインできるようになります。
ランレベル3への切り替えは「telinit 3」、あるいは「init 3」コマンドで行うことができます。

69

《答え》B

問題 3-25

重要度 《★★★》 □ □ □

システムの立ち上げ時にsshdを起動するため、シンボリックリンク/etc/rc3.d/S55 sshdを作成したいと思います。リンク先のファイル名のフルパスを記述してください。

《解説》問題3-19の解説のとおり、/etc/rcN.d（Nはランレベル）の下のSあるいはKで始まる ファイルは、/etc/init.d/の下のサービス名をファイル名とするシェルスクリプトへの シンボリックリンクです。また、S55sshdの「55」のように、SあるいはKに続く2桁 の数字は実行順序の指定です。
したがって、/etc/rc3.d/S55sshdを作成する場合は/etc/init.d/sshdへのシンボリッ クリンクとします。

実行例

```
# ln -s /etc/init.d/sshd /etc/rc3.d/S55sshd
```

/etc/init.dディレクトリの下のシェルスクリプトはLinuxの標準化のために策定された LSB（Linux Standards Base）に準拠しています。

《答え》/etc/init.d/sshd

問題 3-26

重要度 《★★★》 □ □ □

現在ランレベル3にある状態で「init 2」コマンドを実行することにより、ランレベル2に 移行しました。この時、/etc/rc2.dの下にある以下のスクリプトのうち、最初に実行さ れるのはどれですか？　1つ選択してください。

A. K60nfs
B. S55sshd
C. S80sendmail
D. S85http

《解説》initの引数で指定したランレベル（本問ではランレベル2）を引数として/etc/rc.d/rcが 実行されます。/etc/rc.d/rcは最初にKで始まるスクリプトを番号順に実行し、次にS で始まるスクリプトを番号順に実行します。したがって、選択肢Aが正解です。

70

201試験

《答え》A

問題 3-27　重要度《★★☆》 : □ □ □

3章 システムの起動

RedHat系のLinuxディストリビューションで、/etc/rcN.dの下にシンボリックリンクを
作成/削除することにより、システム起動時のサービスの設定を行うコマンドを記述して
ください。

《解説》RedHat系のディストリビューションではサービスの管理はchkconfigコマンドで行い
ます。

chkconfig の主な構文　　chkconfig [--list] [サービス名]
　　　　　　　　　　　　　　chkconfig [--level <levels>] <サービス名>
　　　　　　　　　　　　　　<on|off>

以下はhttpdのサービス設定を表示する例です。

実行例

```
# chkconfig --list httpd
httpd           0:off   1:off   2:on    3:on    4:on    5:on    6:off
```

なお、httpdのサービス設定をオンにするには、「chkconfig httpd on」とし、オフに
するには、「chkconfig httpd off」とします。

《答え》chkconfig

問題 3-28　重要度《★★★》 : □ □ □

Debian系のディストリビューションで、すべてのランレベルでsambaのサービスを削
除するコマンドを引数も含めて記述してください。

《解説》Debian系のディストリビューションではサービスの管理はupdate-rc.dコマンドで行
います。

update-rc.d の主な構文　　update-rc.d <サービス名> defaults
　　　　　　　　　　　　　　　update-rc.d <サービス名> remove

71

sambaのサービスの起動と停止をデフォルトに設定するには以下のようなコマンドを
使用します。

実行例

```
# update-rc.d samba defaults
```

すべてのランレベルでsambaのサービスを削除するには正解にあるとおり、「update-rc.d samba remove」とします。

《答え》update-rc.d samba remove

問題 3-29　　重要度 《★★★》 : □ □ □

Debian系のディストリビューションにシェルスクリプト/etc/init.d/apache2が存在します。この時、すべてのランレベルで/etc/rcN.d/ (Nはランレベル)の下にあるサービスapache2のKあるいはSで始まるすべてのシンボリックリンクを削除するにはどのコマンドを実行しますか？　1つ選択してください。

A. update-rc.d apache2 stop
B. update-rc.d apache2 disable
C. update-rc.d apache2 remove
D. update-rc.d -f apache2 remove

《解説》UbuntuなどのDebian系のLinuxでは、サービスの管理における/etc/rcN.d (Nはランレベル)の下のシンボリックリンクの管理はupdate-rc.dコマンドで行います。

本問のように/etc/init.dの下に当該スクリプトが存在する状態でサービスのシンボリックリンクをすべて削除するには-fオプション(force)を付けて実行する必要があります。

実行例

```
# update-rc.d apache2 remove ─────┐─ -fオプションを付けない場合は実行できない
update-rc.d: /etc/init.d/apache2 exists during rc.d purge (use -f to force)

# update-rc.d -f apache2 remove ──┐─ -fオプションを付けて実行
Removing any system startup links for /etc/init.d/apache2 ...
 /etc/rc0.d/K09apache2
 /etc/rc1.d/K09apache2
 /etc/rc2.d/S91apache2
............. (以下省略) ....................
```

《答え》D

201試験

4章

ファイルシステム

本章のポイント

❖ファイルシステムの初期化

Linuxの主要なファイルシステムであるext2、ext3、ext4の特徴と、ファイルシステムを初期化して作成する方法を理解します。またCD-ROMやDVDで利用するISOイメージファイルの作成方法を理解します。

重要キーワード

ファイル：/etc/mke2fs.conf
コマンド：mkfs、mke2fs、mkfs.ext2、
　　　　　mkfs.ext3、mkfs.ext4、mkisofs
その他：Btrfs、XFS、extent、ISO9660、
　　　　Rock Ridge、Joliet

❖ファイルシステムのマウント

ファイルシステム内のファイルはマウントすることによってアクセスできるようになります。設定ファイル/etc/fstabの参照やマウントオプションによる様々なマウント方法、および現在のマウント状態を確認する方法について理解します。

重要キーワード

ファイル：/etc/fstab、/proc/mounts
コマンド：mount

❖ファイルシステムの管理

ファイルシステムのパラメータの表示や変更、整合性検査と不整合の修復、キャッシュの操作、ファイルシステムおよびファイルへのアクセス状況の把握など、ファイルシステムを管理する方法を理解します。

重要キーワード

コマンド：tune2fs、dump2fs、debugfs、
　　　　　fsck、sync、lsof、fuser
その他：iscsi

❖スワップ領域の管理

スワップ領域は実メモリに入りきらないプロセスを退避させながら実行することにより実メモリより大きな仮想記憶を実現するための領域です。スワップ領域の状態を把握し、必要に応じて作成や削除して管理する方法を理解します。

重要キーワード

ファイル：/etc/fstab
コマンド：mkswap、swapon、swapoff

❖オートマウントの設定

オートマウントはNFSやSambaサーバのディレクトリ、またストレージデバイスをローカルなディレクトリに自動的にマウントする機能を提供します。
NFSおよびSambaサーバのクライアントとしてのオートマウントの設定について理解します。

重要キーワード

ファイル：/etc/auto.master
コマンド：automount
その他：マップファイル

問題 4-1

重要度 《★ ★ ★》 ： □ □ □

ext/ext2/ext3/ext4ファイルシステムの説明で正しいものはどれですか？ 3つ選択してください。

A. extはMinixファイルシステムを拡張したLinux初期のファイルシステムである。2.1.21以降のカーネルではサポートされていない

B. ext2はextを拡張したファイルシステムである

C. ext3はext2にジャーナリング機能を追加したファイルシステムである。このためext2との後方互換性がない

D. ext4はエクステントの採用によるパフォーマンス向上、ナノ秒単位のタイムスタンプなど、ext3を拡張したファイルシステムである。ext3との後方互換性がある

《解説》ext3はext2の予備領域にジャーナルを作成します。データ構造はext2と同じなので、ext2とは後方互換性があります。

したがって、選択肢Cは誤りで、それ以外のA、B、Dが正解です。

ext/ext2/ext3/ext4 ファイルシステムの特徴

ファイルシステム	リリース時期	カーネルバージョン	最大ファイルサイズ	最大ファイルシステムサイズ	説明
ext	1992年4月	0.96	2GB	2GB	Minixファイルシステムを拡張したLinux初期のファイルシステムである。2.1.21以降のカーネルではサポートされていない
ext2	1993年1月	0.99	2TB	32TB	extからの拡張 ・可変ブロックサイズ ・3種類のタイムスタンプ（ctime/mtime/atime） ・ビットマップによるブロックとiノードの管理 ・ブロックグループの導入
ext3	2001年11月	2.4.15	2TB	32TB	ext2にジャーナル機能を追加。ext2と後方互換性がある
ext4	2008年12月	2.6.28	16TB	1EB	ext2/ext3からの拡張 ・extentの採用によるパフォーマンスの改良 ・ナノ秒単位のタイムスタンプ ・デフラグ機能 ext2/ext3と後方互換性がある

ext2/ext3 ファイルシステムのデータブロック管理

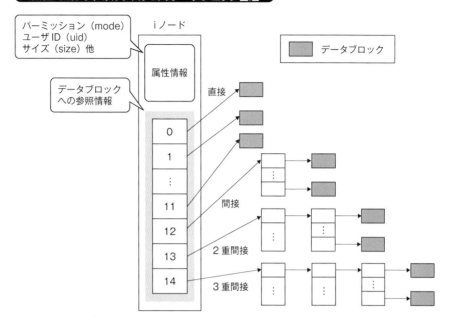

ext2/ext3ファイルシステムではデータブロックのポインタとして、直接マップ、間接マップ、2重間接マップ、3重間接マップにより最大ファイルサイズ2TBをサポートします。

ext4 ファイルシステムのデータブロック管理

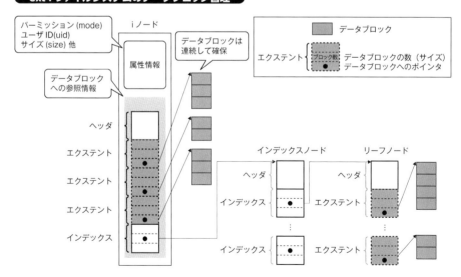

ext2/ext3の場合、大容量ファイルの間接マップによるブロック参照はパフォーマンスを低下させます。

ext4ではこの問題を改善するためにエクステントを採用しています。エクステントでは先頭ブロックとそこから隣接したブロックの個数の情報により、ext2/ext3のようにブロックごとに間接マップを参照することなく、連続的にアクセスできます。またエクステントだけでは対応できない大容量ファイルに対しては、インデックスノードと、エクステントを内部に持つリーフノードにより連続したブロックを参照します。

《答え》A、B、D

問題 4-2　　　　　　重要度《★☆☆》：□□□

次のコマンドを実行した時に/dev/sdb1に作成されるファイルシステムはどれですか？
1つ選択してください。

実行例

```
mkfs /dev/sdb1
```

A. vfat　　　　　　　　　　　　**B.** ext2
C. ext3　　　　　　　　　　　　**D.** ext4

《解説》mkfsコマンドはファイルシステムを作成（初期化）するための、各ファイルシステムごとの個別のmkfsコマンドへのフロントエンドプログラムです。-tオプションで指定したファイルシステムタイプをサフィックスに持つmkfsコマンドを実行します。

-tオプションを指定しなかった場合、ext2ファイルシステムを作成するコマンドであるmkfs.ext2を実行します。

mkfs のファイルシステムタイプ

コマンドライン	実行されるコマンド	作成されるファイルシステム
mkfs	mkfs.ext2	ext2
mkfs -j	mkfs.ext2 -j	ext3
mkfs -t ext2	mkfs.ext2	ext2
mkfs -t ext3	mkfs.ext3	ext3
mkfs -t ext4	mkfs.ext4	ext4

mkfs.ext2、mkfs.ext3、mkfs.ext4はmke2fsコマンドにハードリンク（あるいはシンボリックリンク）されています。

mkfsコマンドに-Vオプション（Verbose）を付けて実行すると、実行するコマンドとオプションを確認できます。

mkfs -V の実行例

```
# mkfs -V -j /dev/sdb1
mkfs (util-linux-ng 2.17.2)
mkfs.ext2 -j /dev/sdb1        ← 実行するコマンドとオプションを表示
mke2fs 1.41.12 (17-May-2010)
............（途中省略）...................
Writing inode tables: done
Creating journal (4096 blocks): done
Writing superblocks and filesystem accounting information: done
```

《答え》B

重要度 《★★☆》

ext3ファイルシステムを生成するコマンドはどれですか？　1つ選択してください。

- **A.** mke2fs
- **B.** make3fs
- **C.** mkext3fs
- **D.** mkefs

《解説》mke2fsコマンドはext2、ext3、ext4ファイルシステムを作成するコマンドです。ext3ファイルシステムを作成する場合はオプション「-t ext3」あるいは「-j」を指定します。

構文 `mke2fs ［オプション］ デバイス`

オプション

主なオプション	説明	試験の重要度
-b ブロックサイズ	ブロックサイズをバイト単位で指定する。指定できるブロックサイズは1024、2048、4096バイト。デフォルト値は/etc/mke2fs.confで設定	★☆☆
-i iノード当たりのバイト数	iノード当たりのバイト数を指定する。デフォルト値は/etc/mke2fs.confで設定	★☆☆
-j	ジャーナルを追加し、ext3ファイルシステムを作成	★★★
-m 予約ブロックの比率	予約ブロック（minfree）の比率を%で指定する。デフォルトは5%	★☆☆
-t ファイルシステムタイプ	ext2、ext3、ext4のいずれかを指定	★★★
-O 追加機能	has_journal、extentなど、追加する機能を指定	★☆☆

mke2fs の起動プログラム名と動作

起動コマンド名	説明
mke2fs	ext2を作成する。オプションによってext3/ext4を作成する
mkfs.ext2	ext2を作成する。オプションによってext3/ext4を作成する
mkfs.ext3	ext3を作成する。オプションによってext2/ext4を作成する
mkfs.ext4	ext4を作成する。オプションによってext2/ext3を作成する

mke2fsコマンドは、/etc/mke2fs.confを参照してデフォルト値を設定、機能を追加し、
ファイルシステムを作成します。

/etc/mke2fs.conf の抜粋

```
[defaults] ──── ext2、ext3、ext4のデフォルトの設定
        base_features = sparse_super,filetype,resize_inode,dir_index,ext_attr
        blocksize = 4096
        inode_size = 256          ext2、ext3、ext4で組み込まれる基本的機能
        inode_ratio = 16384

[fs_types]
        ext3 = {
                features = has_journal ──── -j、あるいは-t ext3を指定し
        }                                    た時に組み込まれる
        ext4 = {
                features = has_journal,extent,huge_file,flex_bg,
                uninit_bg,dir_nlink,extra_isize ── -t ext4を指定した時
                inode_size = 256                    に組み込まれる
        }

        ext4dev = { ──── ext4devはext4テスト用のファイルシステム
                features = has_journal,extent,huge_file,flex_bg,
                uninit_bg,dir_nlink,extra_isize
                inode_size = 256
                options = test_fs=1
        }
............ （以下省略）....................
```

mke2fs の実行例

```
# mke2fs -t ext3 /dev/sda1
............ （途中省略）.................... ── ジャーナル領域が作成されている
Creating journal (4096 blocks): done
Writing superblocks and filesystem accounting information: done
............ （以下省略）....................
```

参考

最近の主要なLinuxディストリビューションでは、mke2fsコマンドはe2fsprogsパッケージに含まれ
ています。
e2fsprogsのソースはkernel.orgのサイトで提供されています（http://kernel.org/pub/linux/kernel/
people/tytso/e2fsprogs/）。
e2fsprogsパッケージにはmke2fsコマンドの他に、e2fsck、tune2fs、debugfsなどのext2/ext3/ext4
ファイルシステムのユーティリティプログラムが含まれています。
mke3fsはmke2fsコマンドへのハードリンクあるいはシンボリックリンクとして作成すれば利用で
きますが、現在の主要なディストリビューションではこのリンクファイルは作成されていません。

あわせてチェック！

ext4ファイルシステムもext3と同じ構文で、-tの引数にext4を指定することで作成できるので、覚え
ておいてください。

実行例

```
# mke2fs -t ext4 /dev/sda1
```

《答え》A

201試験

問題 4-4

重要度《★★☆》：□□□

Btrfsの説明で適切なものはどれですか？ 5つ選択してください。

A. ファイルシステムの木構造にB-Treeを採用している
B. データ領域の割り当てにエクステントを採用している
C. 1つのディスクパーティション内に複数の木を作ることができる
D. 複数のディスクパーティションから1つのファイルシステムを構成できる
E. ファイルシステムのスナップショット機能がある
F. ファイルとファイルシステムの最大サイズはTeraバイト単位であり、EXT4や XFSに比べて扱えるサイズは小さい

4章
ファイルシステム

《解説》Btrfsは、初期バージョンv0.18が2009年1月にリリースされた新しいファイルシステムです。木構造にB-tree (Balanced tree) を採用していることから、Btrfs (B-tree filesystem)と呼ばれています。クリス・メイソン（Chris Mason）氏によって開発され、GPLで配布されています。

初期リリース後、Brtfs公式サイト (https://btrfs.wiki.kernel.org/index.php /Main_Page) にてそのステータスは長らくunstableとされていましたが、2014年8月にそのディスクフォーマットはstableと記載されました。また、2014年10月にリリースされたSuSE Enterprise Linux 12ではデフォルトのファイルシステムとなりました。

Btrfsは近年のエンタープライズレベルのオペレーティングシステムに要求される大容量ファイルを扱うことができます。また、XFSやEXT4にはないスナップショット機能や複数ストレージデバイスのサポートなどの特徴があります。

Brtfsには次のような特徴があります。

●**COW (Copy on Write)、スナップショット機能、ロールバック機能**

瞬時にスナップショットを取り、変更があった場合のみ元データがスナップショット領域にコピーされます。スナップショットを利用し、特定時点までのロールバックが可能です。

●**データ領域の割り当てにエクステントを採用**

データブロックの断片化を防止し、大容量ファイルへのアクセス速度を向上させます。

●**単一ファイルシステム内に独立したinodeとデータ領域を持つ複数のサブボリュームを作成可能**

サブボリューム単位でのスナップショットやQUOTA設定が可能です。

●**複数のディスクパーティションを持つ単一のファイルシステムを作成可能**

ファイルシステム作成後のデバイス追加も可能です。

●**RAID0、RAID1、RAID10の構成が可能**

●データおよびメタデータのチェックサムにより完全性の検査が可能

●Ext2、Ext3、Ext4のオフラインによるBtrfsへの移行が可能

●ファイルの最大サイズ、ファイルシステムの最大サイズとも16EiB

Brtfsをルートファイルシステムとする場合、あるいは/boot以下のファイルシステムとする場合は、ブートローダGRUB2が設定ファイル/boot/grub2/grub.cfg（ディストリビューションによっては/boot/grub/grub.cfg）を読み取るために、GRUB2のcore.imgがBtrfsモジュール（btrfs.mod）をリンクします。

主なファイルシステムのファイルとファイルシステムの最大サイズ

ファイルシステム	最大ファイルシステムサイズ	最大ファイルサイズ
EXT3	16TiB	2TiB
EXT4	1EiB	16TiB
Btrfs	16EiB	16EiB
XFS	8EiB	8EiB

ファイルシステムの最大サイズ、ファイルの最大サイズとも16EiBと大容量なので、選択肢Fは誤りです。

《答え》A、B、C、D、E

問題 4-5

重要度 《★★☆》 □□□

XFSの説明で適切なものはどれですか？ 4つ選択してください。

A. Silicon Graphics,Inc（SGI）で開発されたファイルシステムである

B. データ領域の割り当てにエクステントを採用している

C. エクサバイト単位の大容量のファイルとファイルシステムを扱うことができる

D. ファイルシステムのスナップショット機能がある

E. 1つのファイルシステム内に独立したinodeとデータ領域を持つ複数のアロケーショングループを持ち、各アロケーショングループは並列に処理ができる

《解説》XFSは1993年にSilicon Graphics,Inc（SGI）によって開発されたファイルシステムです。大容量ファイルを扱うことができ、ファイルシステムへの並行処理が可能です。

当初はSGIのOSであるIRIXに搭載されていましたが、2000年にLinuxに移植されるとともにGPLでリリースされました。2014年6月にリリースされたRedHat Enterprise Linux 7ではデフォルトのファイルシステムとなっています。

XFSには次のような特徴があります。

●単一のファイルシステム内に独立したinodeとデータ領域を持つ複数のアロケーショングループを持ち、各アロケーショングループは並行処理ができる

●データ領域の割り当てにエクステントを採用している

201試験

●ファイルの最大サイズ、ファイルシステムの最大サイズとも8EiB

XFSをルートファイルシステムとする場合、あるいは/boot以下のファイルシステムとする場合は、ブートローダGRUB2が設定ファイル/boot/grub2/grub.cfg（ディストリビューションによっては/boot/grub/grub.cfg）を読み取るために、GRUB2のcore.imgがXFSモジュール（xfs.mod）をリンクします。

スナップショットの機能はないので、選択肢Dは誤りです。

XFSの管理用ユーティリティとして次のコマンドがあります。

XFS 管理コマンド

コマンド	説明
xfsdump	XFSファイルシステムのバックアップ
xfsrestore	XFSファイルシステムのリストア
xfs_info	XFSファイルシステムの情報を表示
xfs_check	XFSファイルシステムの整合性チェック
xfs_repair	XFSファイルシステムの修復

《答え》A、B、C、E

4章 ファイルシステム

問題 4-6　　重要度《★★★》：□ □ □

LinuxだけでなくMS Windowsでも読めるISOファイルを作成するコマンドはどれですか？　1つ選択してください。

A. mkisofs -R home.iso /home

B. mkisofs -R -T -J -o home.iso /home

C. mkisofs -R -o home.iso /home

D. mkisofs -R -j -o /home home.iso

《解説》ISOファイルとはCD-ROMやDVDで使用するファイルシステムの規格に基づき、ディレクトリ階層を1つのファイルにまとめたものです。ISOファイルはそのままCD-ROMやDVDに書き込むことができます。loopオプションを付けてマウントして使用することもできます。

MS Windowsの場合はISO9660、あるいはISO9660+Joliet拡張のファイルを読むことができます。

CD-ROMやDVDのISO9660イメージファイルを作成するmkisofsコマンドのオプションに-Jオプションを付けて実行することにより、ISO9660+Joliet拡張のファイルを作成できます。

81

CD-ROM/DVD用ファイルシステムの規格

規格	特徴
ISO9660	CD-ROMファイルシステムの標準化案High Sierra Formatを基に定められた規格。ファイル名の文字数は8文字以下、拡張子3文字以下、大文字／小文字の区別なしなど、制限が多い
Rock Ridge	UNIX系OSのための拡張規格。ISO9660の上位互換。大文字／小文字の区別あり、ファイル名の文字数は255文字まで。UNIX(POSIX)ファイルシステムと同じく、UID／GID、パーミッション、シンボリックリンク、ブロック／キャラクタデバイスをサポート
Joliet	Microsoftによる拡張規格。ISO9660の上位互換。文字コードはUnicodeベースの規格であるUCS-2。ファイル名の文字数は64文字まで
UDF	Universal Disk Format。ISO9660に代わる光ディスクの標準ファイルシステムとしてOSTA(Optical Storage Technology Association)により規格化された。DVD、CD-ROMに対応し、他のリムーバブルメディアにも対応できる。ファイル名の文字数は255文字まで。128TB(2^{40}バイト)の容量まで対応。UDFブリッジフォーマットを使用したDVDの場合は、ISO9660でもマウントできる

ISO9660用のカーネルモジュールはisofsです。isofsモジュールを組み込む場合はカーネルコンフィグレーションで「CONFIG_ISO9660_FS=y」あるいは「CONFIG_ISO9660_FS=m」としてmakeします。isofsカーネルモジュールはRock Ridge拡張に加えて、Joliet拡張もサポートしています。なお、Joliet拡張を組み込む場合はカーネルコンフィグレーションで「CONFIG_JOLIET=y」あるいは「CONFIG_JOLIET=m」としてmakeします。

UDFファイルシステム用のカーネルモジュールはudfです。udfモジュールを組み込む場合はカーネルコンフィグレーションで「CONFIG_UDF_FS=y」あるいは「CONFIG_UDF_FS=m」としてmakeします。

構文 `mkisofs [オプション] ディレクトリ`

オプション

主なオプション	説明
-J	MS Windowsからも読めるように、ISO9660にJoliet拡張を追加する
-R	UNIX(POSIX)ファイルシステムに対応したRock Ridge拡張を追加する
-o	出力先ファイル名を指定する
-T	TRANS.TBLファイルを各ディレクトリに作成する。TRANS.TBLはRockRidge拡張やJoliet拡張に対応していないシステムのための短縮形ファイル名と元の長いファイル名の変換テーブル(Translation Table)である

以下の例では、カレントディレクトリ以下に作成した階層構造を、親ディレクトリの下のmy-fs.isoというファイルにISOイメージとして作成します。

実行例

```
$ mkisofs -J -R -o ../my-fs.iso .
```

参考

上記で作成したISOイメージmy-fs.isoをCD-ROMに焼くにはcdrecordコマンドを実行します。以下は8倍速で、デバイス/dev/sr0に書き込む例です。ほとんどの場合、デバイス名は"cdrecord -scanbus"で確認できます。

```
$ cdrecord -v speed=8 dev=/dev/sr0 my-fs.iso
```

参考

mkisofsの後継の新しいコマンドはgenisoimageです。機能が拡張されていますが、構文もオプションもmkisofsとほとんど同じに使えます。

《答え》B

問題 4-7　重要度《★★★》

/etc/fstabの書式で、正しいのはどれですか？　1つ選択してください。

A. デバイス名　マウントポイント　ファイルシステム　オプション　dump　fsck
B. デバイス名　マウントポイント　ファイルシステム　オプション
C. マウントポイント　デバイス名　オプション　ファイルシステム　dump　fsck
D. マウントポイント　デバイス名　オプション　ファイルシステム

《解説》システムの起動時に/etc/fstabファイルの記述にしたがってマウントが行われます。ローカルファイルシステムについては/etc/rc.sysinitファイルの中で、リモートファイルシステムについてはランレベル3あるいは5のシェルスクリプトの中でマウントが行われます。

/etc/fstabはスペースあるいはタブで区切られた次の6つのフィールドから構成されます。

書式　デバイス名　マウントポイント　ファイルシステム　オプション　dump　fsck

/etc/fstab の記述例

```
/dev/sda2    /        ext4      defaults      1  1
/dev/sda1    /boot    ext4      defaults      1  2
/dev/sda3    swap     swap      defaults      0  0
<中略>
/dev/sdb1    /task    vfat      user,noauto   0  0
/my-fs.iso   /iso     iso9660   loop,ro       0  0
   ①          ②        ③          ④          ⑤  ⑥
```

①デバイスファイル名（ファイルシステム、もしくはラベル名）
②マウントポイント
③ファイルシステムの種類
④マウントオプション
⑤dumpコマンドによるバックアップ周期を日単位で指定
⑥ファイルシステムチェックの順番を指定

⑤は、dumpコマンドによるバックアップの周期を日単位で指定します。どのファイルシステムがdumpすべき日数を経過したかは「dump -w」コマンドで確認できます。「0」を指定するとバックアップ対象から除外されます。

⑥については、同じ順番のエントリが複数あり、ドライブが異なっている場合は、fsckは並列にチェックを行います。「0」を指定するとファイルシステムチェックの対象から除外されます。

/etc/fstab のマウントオプション

> 網掛けのオプションは特にチェック！

主なマウントオプション	説明
async	ファイルシステムの書き込みを非同期で行う
sync	ファイルシステムの書き込みを同期で行う
auto	-aが指定されたときにマウントされる
noauto	-aが指定されたときにマウントされない
atime	アクセス時にiノード内のアクセス時間(atime)を更新する
noatime	アクセス時にiノード内のアクセス時間(atime)を更新しない。これによりアクセス速度が向上する
loop	loopデバイスを使用してマウントする。ブロックデバイスでなくファイルシステムが格納されたファイルのマウントで使用する
dev	ファイルシステムに格納されたデバイスファイルを利用可能にする
exec	ファイルシステムに格納されたバイナリファイルの実行を許可する
noexec	ファイルシステムに格納されたバイナリファイルの実行を禁止する
suid	SUIDおよびSGIDの設定を有効にする ※
nosuid	SUIDおよびSGIDの設定を無効にする
ro	ファイルシステムを読み取り専用でマウントする
rw	ファイルシステムを読み書き可能なモードでマウントする
user	一般ユーザにマウントを許可する。アンマウントはマウントしたユーザのみ可能。同時にnoexec、nosuid、nodevが指定されたことになる
users	一般ユーザにマウントを許可する。アンマウントはマウントしたユーザ以外でも可能。同時にnoexec、nosuid、nodevが指定されたことになる
nouser	一般ユーザのマウントを禁止する
owner	デバイスファイルの所有者だけにマウント操作を許可する
usrquota	ユーザに対してディスクに制限をかける
grpquota	グループに対してディスクに制限をかける
remount	再マウントをする。ルートファイルシステムのようにアンマウントできないファイルシステムで、ro→rwなどのようにマウントオプションを変更して再マウントする時に使用する
defaults	デフォルトのオプション rw、suid、dev、exec、auto、nouser、asyncを有効にする

※実行ファイル(プログラムやスクリプト)は通常、そのファイルを実行したユーザの権限で動作します。しかし、SUIDが設定されている場合は、実行ファイルの所有者のユーザ権限で実行されます。また、SGIDが設定されている場合は、実行ファイルの所有グループに設定されているグループ権限で実行されます。

あわせてチェック！

noatimeオプションを指定すると、inode内のアクセス時間を更新しないので、その分だけファイルの読み込みを高速に行います。

《答え》A

84

201試験

問題 4-8　　重要度《★★★》：□ □ □

/etc/fstabの最終フィールドの説明で正しいものはどれですか？　1つ選択してください。

A. dumpコマンドによるバックアップのレベルを指定する
B. dumpコマンドによるバックアップ間隔の日数を指定する
C. fsckによるチェックとmountコマンドによるマウントを表し、値が0ならマウントしない
D. fsckによるチェックの順番を表し、値が0であればfsckのチェックを行わない

《解説》/etc/fstabの最終フィールドはfsckによるチェックの順番を指定します。NFSやCD-ROMの場合はfsckのチェックを行う必要がないので値を0にします。

《答え》D

問題 4-9　　重要度《★★★》：□ □ □

下記のfstabファイルを持つシステムがあります。ユーザyukoがUSBメモリのパーティション/dev/sdb1に作成されたファイルシステムをマウントして使用するにはどうすればよいですか？　1つ選択してください。

/etc/fstab

```
/dev/sda1    /              ext3    defaults        0  1
/dev/sdb1    /mnt/usb256mb  vfat    noauto,users    0  0
```

A. mount /dev/sdb1 /mnt/usb256mb
B. mount -t vfat /dev/sdb1 /mnt/usb256mb
C. mount /mnt/usb256m
D. 一般ユーザは権限がないのでmountコマンドを実行できない

《解説》コマンドラインでマウントするには、mountコマンドを使用します。
問題文のfstabファイルにusersオプションの指定がありますが、選択肢Aと選択肢Bではfstabを参照せず、mountコマンドが実行されます。しかし、一般ユーザはmountコマンドの実行権限がないため誤りです。

4章
ファイルシステム

85

選択肢Bのように-tオプションでファイルシステムタイプを指定しない場合は、 mount
コマンドはblkidライブラリによってファイルシステムタイプを推測します。
fstabにエントリがある場合はマウントポイントあるいはデバイスの指定だけでマウン
トができます。このfstabではusersオプションが指定されているので、一般ユーザでも
マウントできます。したがって、選択肢Dは誤りで、選択肢Cが正解です。

《答え》C

問題 4-10　重要度《★★★》：□ □ □

/etc/fstabファイルで、 defaultsやautoが設定されたすべてのエントリをマウントする
コマンドをオプションを含めて記述してください。

《解説》mount -aを実行すると、 fstabに指定されているファイルシステムをすべてマウント
します。ただし、問題4-7で掲載した表にあるnoautoオプションが設定されているエ
ントリはマウントしません。

《答え》mount -a

問題 4-11　重要度《★★★》：□ □ □

/etc/fstabのエントリで、 システムの起動時、以下のファイルシステムがマウントされ
ないようにするためのマウントオプションを記述してください。

/etc/fstab

```
/dev/hdd /media/cdrom iso9660 _____ ,ro 0 0
```

《解説》システムの起動時、 /etc/rc.sysinitの中で「mount -a」コマンドの実行により、 /etc/
fstabを参照してローカルデバイスのマウントが行われます。
この時、問題4-7で掲載した表にある、 noautoオプションが設定されているエントリ
はマウントしません。

《答え》noauto

問題 4-12　重要度 ★★☆

ISOイメージファイルをmountコマンドでマウントする時に付けるオプション、引数はどれですか？　1つ選択してください。

- **A.** -o loop fs.iso /mnt
- **B.** -loop fs.iso /mnt
- **C.** fs.iso /mnt -loop=/dev/loop1
- **D.** fs.iso /mnt loop=/dev/loop1

《解説》問題4-7で掲載した表にあるとおり、ファイルに格納されたファイルシステムをマウントするにはloopオプションを指定します。mountコマンド実行時にマウントオプションを指定するには-oの後に指定します。

選択肢B〜選択肢Dはloopオプションの指定に誤りがあります。loopオプションは「mount fs.iso /mnt -o loop=/dev/loop1」のように未使用のloopデバイスを明示して使用することもできます。本問の正解のように「-o loop」としてloopデバイスを明示しない場合は、/dev/loop0から順に未使用のloopデバイスを使用します。

《答え》A

問題 4-13　重要度 ★★★

マウントされているファイルシステムとマウントオプションを調べるコマンドはどれですか？　3つ選択してください。

- **A.** mount
- **B.** cat /proc/mounts
- **C.** cat /etc/fstab
- **D.** cat /proc/filesystems
- **E.** cat /etc/mtab

《解説》現在のマウントされているファイルシステムとマウントオプションを調べるには、引数を付けずにmountコマンドを実行します。または/proc/mountsファイルと/etc/mtabファイルにも現在のマウント状態が格納されています。

以下はmountコマンドを引数なしで実行した例です。カッコ内がマウントオプションです。

実行例

```
# mount
/dev/sda1 on / type ext4 (rw)
/my-fs.iso on /iso type iso9660 (ro,loop=/dev/loop0)
```

参考

/proc/mountsは/proc/self/mountsへのシンボリックリンクです。/proc/selfは現行プロセスのプロセスID（/proc/プロセスID）へのシンボリックです。マウント名前空間（mount namespace）が異なる場合は格納されている内容も異なる場合があります。ディストリビューションとバージョンによっては/etc/mtabは/proc/mountsあるいは/proc/self/mountsへのシンボリックリンクとなっています。

《答え》 A、B、E

問題 4-14   重要度 《★★★》 □□□

複数のユーザで共有しているLinuxシステムがあります。ユーザyukoが所有する外付けUSBディスクを接続した時に、ユーザyukoが書き込みをできるようにする/etc/fstabの設定はどのようになりますか？　下線部に適切なオプションを記述してください。マウントするパーティションのUUIDは3fd1-bb60です。

/etc/fstab

```
UUID=3fd1-bb60 /data/yuko vfat noauto,users,_____=yuko 1 2
```

《解説》 ファイルシステムがVFATの場合、マウントオプションでuid=の値にUIDあるいはユーザ名を指定すると、どのユーザがそのファイルシステムをマウントしても、既存あるいは新規に作成するファイルの所有者はuid=で指定したユーザとなります。

《答え》 uid

問題 4-15　重要度 ★★★

/etc/fstabに次のようなエントリがある場合、システム起動時にローカルディスクとiscsiデバイスを自動的にマウントするためのRCスクリプトの処理シーケンスで適切なものはどれですか？ 1つ選択してください。

/etc/fstab

```
/dev/hdb1    /mnt/local-ext3    ext3    defaults    1 2
/dev/sda1    /mnt/iscsi-ext3    ext3    _netdev     1 2
```

A.「mount -a -O no_netdev」→「iscsiサービスの起動」→「mount -a -O _netdev」
B.「mount -a -O nonetdev」→「iscsiサービスの起動」→「mount -a -O netdev」
C.「mount -a -O no_iscsi」→「iscsiサービスの起動」→「mount -a -O _iscsi」
D.「mount -a -O noiscsi」→「iscsiサービスの起動」→「mount -a -O iscsi」

《解説》mountコマンドのオプションに、iscsiデバイスの操作方法を指定する「-O _netdev」と「-O no_netdev」があります。この2つのオプションは-aオプションと共に指定する必要があります。

iscsiデバイスに対するオプション

mountコマンドのオプション	説明
mount -a -O _netdev	/etc/fstabの第4フィールド(マウントオプション)に「_netdev」の指定があるエントリだけをマウントする
mount -a -O no_netdev	/etc/fstabの第4フィールド(マウントオプション)に「_netdev」の指定がないエントリだけをマウントする

システム起動時に実行されるRCスクリプトでは、まず「mount -a -O no_netdev」によってローカルディスクをマウントし、その後にiscsiサービスを起動します。さらに「mount -a -O _netdev」によってiscsiデバイスをマウントします。

iscsiのターゲットとイニシエータの構成例

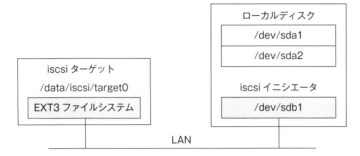

Internet Small Computer System Interface (iSCSI) はSCSIプロトコルをTCP/IPネットワーク上で使用するための規格です。ギガビット・イーサネットの普及により、ファイバーチャネルよりも安価なiSCSIをベースとしたストレージエリアネットワーク (SAN: Storage Area Network) を構築できます。

ストレージを提供する側が「ターゲット」であり、SCSIディスクやSCSIテープデバイスに相当します。ストレージを利用する側が「イニシエータ」であり、SCSIホストに相当します。

次に、前述の構成例でiscsiデバイスをマウントする例を示します。iscsiのターゲットとイニシエータの設定手順の説明は省略します。

iscsiデバイスをマウントする例

```
(iscsiデバイスにアクセスできることを確認)
# /etc/init.d/iscsi status
........（途中省略）........
            ************************
            Attached SCSI devices:
            ************************
            Host Number: 3        State: running
            scsi3 Channel 00 Id 0 Lun: 0
                    Attached scsi disk sdbState: running

# cat /proc/partitions
major minor #blocks name
........（途中省略）........
  8    16   2097152 sdb
  8    17   2096128 sdb1

(iscsiデバイスをマウント)
# mount /dev/sdb1 /mnt/iscsi-ext3
# df -T
Filesystem    Type    1K-blocks    Used    Available   Use%   Mounted on
........（途中省略）........
/dev/sda2     ext3      506672    10543      469969     3%    /mnt/local-ext3
/dev/sdb1     ext3     2063184    35876     1922504     2%    /mnt/iscsi-ext3

(ローカルディスクもiscsiデバイスもアンマウント)
# umount -a
```

```
（/etc/fstabを編集し、オプション_netdevを追加）
# vi /etc/fstab
........（途中省略）........
/dev/sda2      /mnt/local-ext3    ext3    defaults    1 2
/dev/sdb1      /mnt/iscsi-ext3    ext3    _netdev     1 2

（sda2はマウントせず、sdb1だけをマウント）
# mount -a -O _netdev
# df -T
Filesystem   Type   1K-blocks   Used   Available   Use%  Mounted on
........（途中省略）........
/dev/sdb1    ext3   2063184    35876   1922504     2%    /mnt/iscsi-ext3
```

最初にローカルディスクだけをマウントし、iscsiデバイスにアクセスできるようになってからiscsiデバイスをマウントする選択肢Aが正解です。

《答え》A

問題 4-16　重要度《★★★》

iscsiのイニシエータ側でターゲットを検知した後、ターゲットにログインするための適切な手順はどれですか？　2つ選択してください。

A. /etc/iscsid.confにnode.startup=automaticと記述すれば、自動でログインする
B. /etc/iscsid.confにnode.startup=manualと記述すれば、自動でログインする
C. 「iscsiadm -m node --login -p ターゲットホスト名」を実行してログインする
D. 「iscsiadm -m session」を実行してログインする

《解説》iscsiターゲットにアクセス可能になるまでの、イニシエータ側での手順は次の2段階になります。以下のiscsiadmコマンドを実行する前にiscsidデーモンが起動している必要があります。設定ファイル/etc/iscsi.conf（ディストリビューションによっては/etc/iscsi/iscsi.conf）に「node.startup=automatic」と設定しておくことによりiscsidは自動起動します。

①**ターゲットを検知する**

iscsiadmコマンドのモード(-m)をdiscoveryモード、タイプ(-t)をsendtargetsタイプで実行します。

次の例では、ターゲットポータル（ターゲットホスト）のIPアドレス192.168.1.1を-pオプションで指定しています。

実行例

```
# iscsiadm -m discovery -t sendtargets -p 192.168.1.1
```

iscsiadmコマンドのモード (-m) をnodeモードで実行し、検知したターゲットの情報を表示して確認します。

実行例

```
# iscsiadm -m node
192.168.1.1:3260,1 iqn.2014-10.mylpic.examserver:target0
```

一度検知したターゲットの情報は/var/lib/iscsi (ディストリビューションによっては/etc/iscsi) ディレクトリの下のデータベースに保持されます。このデータベースにはターゲットを検知した時の/etc/iscsi.confの情報も保持されます。

なお、検知後にiscsid.confを編集しても反映されません。反映させるにはいったんデータベースのレコードをiscsiadmで削除してから再度検知します。

②検知したターゲットにログインする

ターゲットにログインするには、/etc/iscsi.confで「node.startup=manual」と設定して、iscsiadmコマンドのモード (-m) をnodeモードで、--loginオプションを付けて実行します。

実行例

```
# iscsiadm -m node --login -p 192.168.1.1
```

また、/etc/iscsi.confで「node.startup=automatic」と設定すると、自動でログインします。

ログインセッションが確立したことを、iscsiadmコマンドのモードをsessionで実行して確認します。

実行例

```
# iscsiadm -m session
tcp: [1] 192.168.1.1:3260,1 iqn.2014-10.mylpic.examserver:target
```

これでターゲットデバイスにアクセスできるようになります。この後のファイルシステムのマウント方法については問題4-15の解説を参照してください。

SCSIの場合、バス上のデバイスを識別するためのSCSI IDを割り当てます。8ビットバスの場合は0〜7、16ビットバスの場合は0〜15をデバイスに割り当て、最高優先度の7をイニシエータ機能を持つホストアダプタに割り当てます。

iscsiの場合はこのような規則はなく、設定ファイルの中でscsi_id (ディストリビューションによってはScsiId) パラメータにより、他と重複しないような値を割り当てます。指定しなかった場合は、ターゲット番号とLUN番号を基に自動的に割り当てられます。1つのターゲットにはSCSIのディスクに相当する複数のボリューム(ストレージ領

域)を設定することができ、各ボリュームにはSCSIの場合と同様にLUN(Logical Unit Number)が割り当てられます。

iscsiのターゲットおよびイニシエータには、全世界で一意に識別するための名前を付けます。この識別名にはiqnとeuiの2種類のタイプがあります。

●iqn(iSCSI Qualified Name)

タイプ識別子「iqn.」、ドメイン取得日、ドメイン名、識別用文字列から構成されます。

■書式■ `iqn.yyyy-mm.<reversed domain name>[:identifier]`

identifierには任意の名前を付けることができます。

■例■

```
iqn.2014-10.mylpic.examserver:target
```

ターゲットは設定ファイル/etc/tgt/targets.conf(ディストリビューションによっては/etc/ietd.conf)のtargetディレクティブで定義します。ここでターゲットのiqnとボリュームを指定します。

■targets.conf の例■

```
<target iqn.2014-10.mylpic.examserver:target0>   # iqn
  backing-store /data/target0-lun1                # LUN1
  backing-store /data/target0-lun2                # LUN2
</target>
```

●eui(Extended Unique Identifier)

タイプ識別子「eui.」とIEEE EUI-64フォーマット(16桁の16進数)で構成されます。

■書式■ `eui.<IEEE-defined 16 hex digits>`

上位6桁はIEEEが企業に発行したOUI(Organizationally Unique Identifier)と呼ばれるIDで、下位10桁は企業内で一意に割り当てられた番号です。

■例■

```
eui.02004567A425678D
```

ファイバーチャネルではデバイスを全世界で一意に識別するためのWWN(World Wide Name)を使用します。WWNはIEEEが企業に発行した24ビットのOUIを含む64ビットの数値です。WWNはWWID(World Wide IDentifier)とも呼ばれます。iscsiではeuiがWWNに相当します。

《答え》 A、C

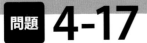

プロセスが開いているファイルを調べるコマンドを記述してください。

《解説》 lsof(list open files)コマンドはプロセスがオープンしているファイルを表示します。全ユーザプロセスがオープンしているファイルを表示します。

構文 lsof [オプション] [ファイル名]

オプション

主なオプション	説明
-i	オープンしているインターネットファイル(ポート)とプロセスを表示する。「-i:ポート番号」あるいは「-i:サービス名」として、特定のポートやサービスを指定することもできる
-p プロセスID	指定したプロセスがオープンしているファイルを表示する
-P	ポート番号をサービス名に変換せず、数値のままで表示する
-f	引数に指定したパス名が単一ファイルであることを示す
+f	引数に指定したパス名がファイルシステムであることを示す
--	--がオプションの終わりであることを示す

次の実行例では端末エミュレータ上のbashプロセスが開いているファイルを表示します。lsofの-pオプションでプロセスIDを指定します。

実行例

```
$ ps
  PID TTY          TIME CMD
13185 pts/3    00:00:00 bash
13246 pts/3    00:00:00 ps
$ lsof -p 13185
COMMAND   PID USER   FD   TYPE DEVICE SIZE/OFF   NODE NAME
bash    13185 yuko  cwd    DIR  253,0     4096 291066 /home/yuko
bash    13185 yuko  rtd    DIR  253,0     4096      2 /
bash    13185 yuko  txt    REG  253,0   874184 260964 /bin/bash
bash    13185 yuko  mem    REG  253,0    58704 277778 /lib/libnss_
files-2.12.so
............ (以下省略) ...................
```

特定のファイルをオープンしているプロセスを表示することもできます。lsofの「-f --」オプションの後にファイル名を指定します。
lsofの「-f --」オプションの後にファイル名を指定します。-fに続く文字が-fのオプションではなくファイルのパス名であること示すために「--」を指定します。

実行例

```
$ lsof -f -- /etc/hosts
COMMAND   PID  USER   FD   TYPE DEVICE SIZE/OFF   NODE NAME
more     6939  yuko   3r    REG    8,7      701 394771 /etc/hosts
```

この例ではユーザyukoがmoreコマンドで/etc/hostsをオープンしていることがわかります。

ファイルシステムにアクセスしているプロセスを表示することもできます。lsofの「+f --」オプションの後にマウントポイントあるいはデバイスを指定します。

実行例

```
$ df /dev/sr0
Filesystem            1K-ブロック      使用    使用可  使用%  マウント位置
/dev/sr0                 4313974    4313974       0   100%  /media/"SL 6.2
x86_64 DVD"
$ lsof +f -- /media/'"SL 6.2 x86_64 DVD"'
COMMAND   PID    USER   FD    TYPE DEVICE SIZE/OFF NODE NAME
more     7057    yuko   3r     REG   11,0    18392 1878 /media/"SL 6.2 x86_64
DVD"/GPL
bash     7071     ryo  cwd     DIR   11,0   720896 2112 /media/"SL 6.2 x86_64
DVD"/Packages
```

この例ではユーザyukoがmoreコマンドでGPLファイルをオープンし、ユーザryoが起動したbashプロセスがPackagesディレクトリをカレントディレクトリとしていることがわかります。

《答え》lsof

CD-ROMデバイスをアンマウントしようとすると「device is busy」のエラーメッセージが表示されます。CD-ROMを使用中のプロセスが存在するためと思われます。このプロセスを表示するコマンドはどれですか？ 2つ選択してください。

A. fuser
B. ps
C. lsof
D. showmount

《解説》fuserコマンドはファイルあるいはファイルシステムにアクセスしているプロセスを表示します。fuserコマンドは引数で指定したファイルをオープンしているプロセスのプロセスIDを表示します。

主な構文   fuser [オプション] ファイル
              fuser [オプション] ファイルシステム

オプション

主なオプション	説明
-v	ユーザ名、プロセスID、アクセスタイプ、コマンド名を表示する
-m	ファイルシステムにアクセスしているプロセスを表示する
-n	ローカルのTCPまたはUDPポートにアクセスしているプロセスを表示する。 -nの引数として名前空間（tcpまたはudp）とポート番号またはサービス名を指定する -n tcp ポート番号 | サービス名 -n udp ポート番号 | サービス名

-vオプションを付けると、ファイルにアクセスしているユーザ名、プロセスID、アクセスタイプ、コマンド名を表示します。

実行例

```
$ fuser -v /etc/hosts
                    USER        PID ACCESS COMMAND
/etc/hosts:         yuko       6939 f.... more
```
ユーザyukoがプロセスID6939のmoreコマンドで/etc/hostsをオープンしている

-mオプションを付けると、ファイルシステムにアクセスしているユーザ名、プロセスID、アクセスタイプ、コマンド名を表示します。

実行例

```
$ fuser -mv /media/'"SL 6.2 x86_64 DVD"'
                    USER        PID ACCESS COMMAND
/media/"SL 6.2 x86_64 DVD":
                    yuko       7057 f.... more
                    ryo        7071 ..c.. bash
```
ユーザyukoがmoreコマンドでDVD内のファイルをオープンし、ユーザryoが起動したbashプロセスがDVD内のディレクトリをカレントディレクトリとしている

また、問題4-17の解説のとおり、lsofコマンドでファイルシステムにアクセスしているプロセスを表示できます。

《答え》 A、C

問題 4-19

重要度 《★★★》 : □ □ □

/dev/sda1に作られたext2ファイルシステムのデータを損なうことなく、ジャーナル機能を追加してext3に移行する場合に実行するコマンドとオプションを記述してください。

《解説》 tune2fsはext2/ext3/ext4ファイルシステムのパラメータを適切な値に変更するコマンドです。

ジャーナル機能を追加するには-jオプションを指定します。これにより、ext2をext3に移行できます。

構文 tune2fs [オプション] デバイス

オプション

主なオプション	説明
-j	ext3ジャーナルを追加する
-l	スーパーブロックの内容を表示する
-m 予約ブロックの比率	予約ブロック(minfree)の比率を%で指定する。デフォルトは5%
-L ボリュームラベル	ボリュームラベルを設定
-O 追加機能	has_journalなど、追加する機能を指定。先頭に^を付けると機能削除

《答え》tune2fs -j /dev/sda1

問題 4-20　重要度《★★★》

/dev/sda3のext3ファイルシステムにhomeというボリュームラベルを付けるコマンドはどれですか？　1つ選択してください。

- A. tune2fs -L home /dev/sda3
- B. mount -L home /dev/sda3
- C. fsck -l /dev/sda3 home
- D. fdisk -l home /dev/sda3

《解説》Linuxではファイルシステムやスワップデバイスに識別するための任意の名前を付けることができます。これをボリュームラベル（あるいは単にラベル）と呼びます。デバイス名以外に、ボリュームラベルを指定してマウントやスワップデバイスの操作ができます。問題4-19の解説の「オプション」のとおり、-Lオプションでボリュームラベルを設定できます。

また、e2labelコマンドでもボリュームラベルを設定できます（e2labelコマンドはLPIC 201試験の試験範囲外です）。

ボリュームラベルはファイルシステムのスーパーブロックに記録されるので、スーパーブロックの内容を表示するコマンドで確認できます（問題4-21で解説）。

また、e2labelコマンドでもボリュームラベルを表示できます。

実行例

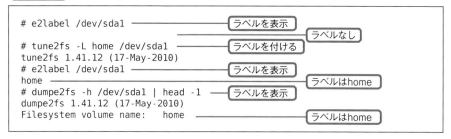

《答え》A

ファイルシステム/dev/sda1のデータブロック数、およびリザーブブロック数を表示するコマンドはどれですか？ 3つ選択してください。

- A. dumpe2fs -h /dev/sda1
- B. resize2fs /dev/sda1
- C. tune2fs -l /dev/sda1
- D. debugfs -R "stats -h" /dev/sda1

《解説》ファイルシステムのデータブロック数、rootユーザだけが利用できるリザーブブロック数はスーパーブロックに保持されています。したがって、tune2fs、dumpe2fs、debugfsコマンドでスーパーブロックの内容を表示することによりその値を確認できます。

問題4-19の解説の「オプション」のとおり、tune2fsコマンドに-lオプションを付けてスーパーブロックの内容を表示できます。

dumpe2fsコマンドはext2/ext3/ext4のスーパーブロックとブロックグループの情報を表示するコマンドです。-hオプションによりスーパーブロックの情報だけを表示します。

debugfsコマンドはext2/ext3/ext4をデバッグするコマンドです。-Rオプションの後にサブコマンドの「stats -h」を指定することによりスーパーブロックの内容を表示できます。

実行例

```
# tune2fs -l /dev/sda1 | grep -i "block count"
Block count:              261048
Reserved block count:     13052         ── 5%（デフォルト値）
                                            であることがわかる
# dumpe2fs -h /dev/sda1 | grep -i "block count"
dumpe2fs 1.41.12 (17-May-2010)
Block count:              261048
Reserved block count:     13052

# debugfs -R "stats -h" /dev/sda1 | grep -i "block count"
debugfs 1.41.12 (17-May-2010)
Block count:              261048
Reserved block count:     13052
```

《答え》A、C、D

201試験

問題 4-22

重要度 《★★☆》 □ □ □

ファイルfileAに対して「ls -lh」と「du -h」を実行したところ、次のようにファイルサイズの表示に違いが出ました。この理由についての適切な説明を1つ選択してください。

実行例

```
$ ls -lh fileA
-rw-r--r-- 1 yuko yuko 1.0K  1月 22 23:10 2013 fileA
$ du -h fileA
4.0K    fileA
```

A. ファイルデータの書き込まれたディスクブロックが3kバイト分ある

B. ファイルデータの書き込まれていないディスクブロック（データサイズが0の ディスクブロック）が3kバイト分ある

C. ファイルに割り当てられたファイルシステムのデータブロックのサイズは1kバイトである

D. ファイルに割り当てられたファイルシステムのデータブロックには4kバイトの ファイルデータが書き込まれている

《解説》 lsコマンドはファイルのデータサイズを表示します。本問の例では1.0Kバイトです。
duコマンドはファイルに割り当てられたファイルシステムのデータブロックのサイズ を表示します。本問の例では4.0Kバイトです。
本問のfileAにはデータブロック4.0Kバイトが割り当てられて、そのうちファイルデー タは1.0Kバイトであり、残りの3.0Kバイトにはまだデータが書き込まれていません。 したがって選択肢Bが正解です。
ファイルにはデータブロックあるいはフラグメントが割り当てられます。データブロッ クとフラグメントは複数のディスクブロック（ディスクセクタ＝512バイト）から構成さ れます。データブロックとフラグメントのサイズはファイルシステムの初期化時に決定 され、EXT2、EXT3ファイルシステムの場合、dumpe2fsコマンドで確認できます。

《答え》 B

4章

ファイルシステム

99

問題 4-23　重要度 ★★★

メモリバッファの内容をディスクに書き込んで、同期を取るコマンドを記述してください。

《解説》Linuxカーネルはディスクに対するランダムアクセスのパフォーマンスを向上させるため、ミリ秒単位のアクセス速度のディスクのデータを、ナノ秒単位の高速なアクセス速度を持つメモリにキャッシュします。キャッシュにはディスクブロックのキャッシュを持つバッファキャッシュ、iノードキャッシュ、ディレクトリエントリキャッシュ、ファイルデータのキャッシュであるページキャッシュがあります。syncコマンドはsyncシステムコールを発行し、これらすべてのキャッシュのデータをディスクに書き込んでディスクのデータを最新の状態にします。

キャッシュの概要

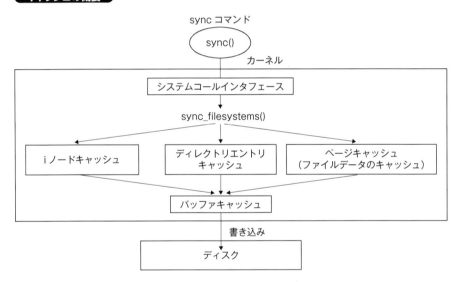

あわせてチェック！

syncコマンドは次のような場合に役に立つので覚えておいてください。

- rootのパスワードを忘れてシステムをshutdownできない場合、syncコマンドを実行してから電源を切る
- ディスクへの書き込み後、キャッシュデータのディスクへの書き込みをただちに実行するためにsyncコマンドを実行する

《答え》sync

201試験

問題 4-24

重要度 《★★☆》 ☐ ☐ ☐

ファイルシステムの軽微なエラーを質問なしで自動的に修復し、それ以外は質問は行われず修復もしないfsckコマンドのオプションは何ですか？ オプションだけ記述してください。

《解説》 fsckコマンドはファイルシステムの整合性を検査、修復するために用いられる、各ファイルシステムごとの個別のfsckコマンドに対するフロントエンドプログラムです。-tオプションで指定したファイルシステムタイプをサフィックスに持つfsckコマンドを実行します。この仕組みは問題4-2で解説したmkfsコマンドとほぼ同じです。

-tオプションを指定しなかった場合、blkidライブラリによってファイルシステムタイプを推測します。

ext2/ext3/ext4ファイルシステムはfsckから実行されるe2fsckコマンドにより検査、修復されます。

ファイルシステムの軽微なエラーを質問なしで自動的に修復し、それ以外は質問を行わず修復もしないfsckコマンドのオプションは-p（preen）です。-p、-n、-yのいずれのオプションも付けない場合、fsckは検出したすべてのエラーについてどう対処するかを尋ねます。

システム起動時には、ランコントロールスクリプトrc.sysinitの中でfsckはpreenモードで実行され、/etc/fstabに登録されたファイルシステムをチェックします。その結果、fsckの返り値に対応した処理を行います。

構文 fsck ［オプション］［デバイス］

デバイスを指定しなかった場合は、/etc/fstabに登録されたファイルシステムを検査します。

オプション

主なオプション	説明
-t	(t：type)ファイルシステムタイプの指定。-tを指定しない場合はblkidライブラリによってファイルシステムタイプを推測する
-b	指定したスーパーブロックバックアップを使ってfsckを実行する。オリジナルのスーパーブロック（ブロック番号1）が壊れたときに利用することができる。バックアップは各ブロックグループの先頭に置かれる。mke2fsで初期化時にそのブロック番号が表示される
-f	(f：force)スーパーブロック中のファイルシステム状態フラグがcleanのときも強制的にPass1～5のチェックを行う。デフォルトでは、状態フラグがcleanのときはPass1～5のチェックは行わない（次ページの「参考」を参照）
-p	(p：preen)軽微なエラー（参照カウントの相違など）は尋ねることなく自動修正する。それ以外のエラーがあった場合は尋ねることなく、修正はせずにそのまま終了する。-aオプションは-pと同じで、後方互換性のために残されている
-n	(n：no)fsckの質問に対して、すべてnoと答える。ファイルシステムを修正せず、どのようなエラーがあるか調べるときに使う
-y	(y：yes)fsckの質問に対して、すべてyesと答える。ファイルシステムのエラーはすべて整合性を保つ操作によって修正される。その結果として不整合の原因となっているファイルが削除されることがある

4章 ファイルシステム

101

> **参考**

ext2/ext3/ext4用のfsckプログラムであるe2fsckは5つの段階（pass）を順次実行することにより
ファイルシステムの整合性を検査、修復します。

●Pass 1 : Checking inodes, blocks, and sizes

すべてのinodeについて、mode（パーミッション）の値が正当か、size（ファイルサイズ）とblock（使用
しているブロック数）の値が正しいか、データブロックが複数のinodeによって参照されていないか、
チェックします。

●Pass 2 : Checking directory structure

すべてのディレクトリについて、そのデータ構造が正しいか（ディレクトリエントリが使用中のinode
を参照しているか、最初のエントリが「.」で2番目のエントリが「..」かなど）をチェックします。

●Pass 3 : Checking directory connectivity

すべてのディレクトリがファイルシステムの木に接続されているかどうかをチェックします。ファイ
ルシステムの木に接続されていないディレクトリを見つけるとlost+foundの下に置くかどうかを尋
ねます。

●Pass 4 : Checking reference counts

各inodeの参照カウント（リンク数）をチェックします。実際の参照カウントと異なる場合は修正する
かどうか尋ねます。参照カウントが1以上にもかかわらず、どこからも参照されていないinodeを見つ
けるとlost+foundの下に置くかどうかを尋ねます。

●Pass 5 : Checking group summary information

各ブロックグループのinodeビットマップとブロックビットマップをチェックします。

> **あわせてチェック！**
>
> すべてのエラーについて質問なしで、整合性を自動的に修復する「-y」オプションも重要なので覚えて
> おいてください。ただし、その結果として不整合の原因となっているファイルが削除されることもあ
> ります。

《答え》-p

201試験

問題 4-25

重要度 《★★★》 ☐ ☐ ☐

/dataにマウントしてあったディスクに障害が発生したので、このファイルシステムを
fsckコマンドでチェックしました。その後、/data/lost+foundディレクトリの下をls
コマンドで調べたところ次のようなファイルがありました。この状況についての適切な
説明はどれですか？　1つ選択してください。

実行例

```
#ls -F
#11635605/ #13435205/ #13551770* #13584665 #14255520@ #2245137
#11652521/ #13435206/ #13551771* #13584666 #14255521@ #2245138
```

A. ファイルシステムの管理情報を格納したファイルが置かれている
B. ファイルシステムのジャーナル情報を格納したファイルが置かれている
C. rmコマンドで削除したファイルが一定期間置かれている
D. 参照カウントが1以上にもかかわらずどこからも参照されていないファイルが置
かれている

4章
ファイルシステム

《解説》fsckコマンドは、参照カウント（リンク数）が1以上であるにもかかわらず、どのディレ
クトリエントリからも参照されていないiノードを見つけると、iノード番号の前に#を
付けたファイル名で/lost+foundディレクトリの下に置きます。参照カウントが1以上
ということはそのファイルが存在し、しかしファイル名の格納されたどのディレクトリ
エントリからも参照されていないので、名前がなくなったファイルということになりま
す。ディスクの障害などによりファイルシステムにこのような不整合が起きます。
lost+foundは遺失物取扱所の意味のディレクトリ名です。

《答え》D

103

問題 4-26

重要度 《★★☆》 ： □ □ □

十分な空き領域のある/homeの下にファイルswapを作成し、500MBのスワップ領域
として使用するための手順はどれですか？　1つ選択してください。

- **A.** dd if=/dev/zero of=/home/swap bs=1024 count=500000;mkswap
  /home/swap;swapon /home/swap
- **B.** dd if=/dev/zero of=/home/swap bs=1024 count=500000;mkswap
  /home/swap
- **C.** dd if=/dev/zero of=/home/swap bs=1024 count=500000;swapon
  /home/swap

《解説》スワップ領域は実メモリに入りきらないプロセスをページ単位あるいはプロセス単位で
退避させる領域です。スワップ領域にはパーティションあるいはファイルを利用します。
スワップ領域を作成して使用する手順は次のようになります。
①スワップ領域用のディスクパーティションあるいはファイルを作成する
②mkswapコマンドでパーティションあるいはファイルをスワップ領域として初期化
　する
③swaponコマンドの実行によりカーネルはスワップ領域の使用を開始する
　システム起動時に開始するには/etc/fstabにエントリを記述する
④スワップ領域の使用を停止する場合はswapoffコマンドを実行する

スワップ領域として使用するためのファイルは、ddコマンドで作成します。入力
ファイルに/dev/zeroを指定すると出力ファイル（この問題例ではスワップ領域となる
/home/swap）はオールビットゼロで埋められます。

主な構文 dd [if=file] [of=file] [bs=bytes] [count=blocks]

オプション

主なオプション	説明
if=入力ファイル名	入力ファイルの指定
of=出力ファイル名	出力ファイルの指定
bs=ブロックサイズ	1回のread/writeで使用するブロックサイズの指定
count=ブロック数	入力するブロック数を指定

以下は/dev/sdb3にスワップ領域を作成し、有効化、無効化している例です。

実行例

```
# mkswap /dev/sdb3          ← スワップ領域の作成
スワップ空間バージョン1を設定します、サイズ = 2586460 KiB
ラベルはありません, UUID=6593460e-1ff6-4141-9075-5132cdd79240
# swapon /dev/sdb3          ← スワップ領域を有効
# swapon -s
Filename        Type        Size        Used        Priority
/dev/sdb3       partition   2586456     0           -2
# swapoff /dev/sdb3   ← スワップ領域を無効                ← スワップの使用状況の表示
# swapon -s
Filename        Type        Size        Used        Priority
                      ← /dev/sdb3がなくなる
```

mkswapコマンドは指定したパーティションあるいはファイルをスワップ領域として初期化します。

構文　mkswap ［オプション］ デバイスファイル名

オプション

主なオプション	説明
-c	不良ブロックのチェックを行う
-L ラベル名	ラベルを指定し、そのラベルでswaponできるようにする

mkswapコマンドで初期化されるパーティションあるいはファイルのスワップ領域の構成は次のとおりです。

スワップ領域の構成

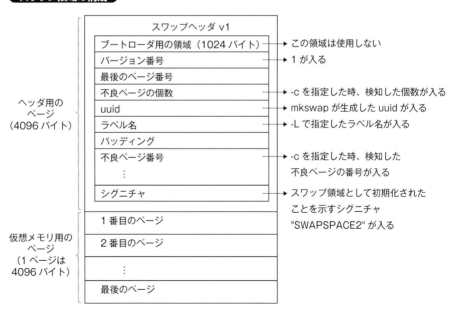

かつてのスワップヘッダにはv0とv1がありましたが、カーネル2.6以降はv1のみが使用できます。

スワップ領域はページ単位で管理されます。ページサイズはCPUアーキテクチャとOSによって決定されます。Intel x86のLinuxカーネルの場合は4096バイトです。
swaponコマンドの実行により、カーネルは指定したデバイスやファイルのスワップ領域としての使用を開始します。

構文 swapon［オプション］デバイスファイル名

オプション

主なオプション	説明
-a	/etc/fstab中でswapマークが付いているデバイスをすべて有効にする
-L ラベル名	指定されたラベルのパーティションを有効にする
-s	スワップの使用状況をデバイスごとに表示する。「cat /proc/swaps」と等しい

システム起動時に/etc/rc.sysinitの中で「swapon -a」コマンドが実行され、/etc/fstabのswapのエントリで指定された領域が使用開始されます。
swapoffコマンドの実行により、カーネルは指定したデバイスやファイルのスワップ領域としての使用を停止します。

構文 swapoff［オプション］デバイスファイル名

オプション

主なオプション	説明
-a	/proc/swapsまたは/etc/fstab 中のスワップデバイスやファイルのスワップ領域を無効にする

あわせてチェック！
スワップ領域の確認には、「swapon -s」コマンドの実行、あるいは/proc/swapsファイルを表示することにより確認できることを覚えておいてください。

《答え》A

問題 **4-27**　　　　重要度《★★★》　□ □ □

スワップ領域の中での使用領域が増えるとどうなりますか？　1つ選択してください。

　A. ディスクにアクセスする回数が増えてパフォーマンスが低下する

　B. ディスクにアクセスする回数が減ってパフォーマンスが向上する

　C. メモリの空き領域が増えた時に起きるので、パフォーマンスが向上する

　D. 特にパフォーマンスへの影響はない

《解説》スワップ領域は仮想メモリであり、物理メモリの空き領域が少なくなった時に、スワップ領域が使用されます。ディスクのアクセス速度は一般的に物理メモリのアクセス速度の約1000倍程度なので、スワップ領域へのアクセスが増えるとパフォーマンスは低下します。
したがって、選択肢Aが正解です。

《答え》A

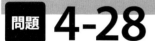

デバイスマッパーを使用した、Linuxで使用できる暗号化ファイルシステムはどれですか？　1つ選択してください。

A. EFS
B. CryptoFS
C. EncFS
D. LUKS

《解説》Linuxでは暗号化ファイルシステムとしてLUKS (Linux Unified Key Setup) が利用できます。LUKSはボリューム (パーティション) 全体をdm-crypt device mapper cryptにより暗号化します。アクセスするためには暗号化デバイス (例：/dev/sda7) と名前 (例：luks-fs) とをデバイスマッパーによりマッピングします。LUKS暗号化デバイスにはパスフレーズにより暗号化されたマスターキーが格納されており、マッピングは復号化したマスターキーを使用して行います。

LUKSの概要

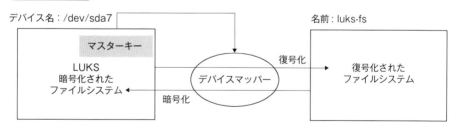

《答え》D

| 問題 **4-29** | 重要度 《★★★》 : □ □ □ |

automountの設定ファイル名はどれですか？　1つ選択してください。

A. automaster
B. autoremount
C. auto.master
D. mountauto

《解説》 automountはオートマウントを実行するデーモンです。マスターマップと呼ばれる設定ファイル/etc/auto.masterを参照します。

オートマウントはNFSやSambaサーバのディレクトリ、またストレージデバイスをローカルなディレクトリに自動的にマウントする機能を提供します。アンマウントも自動的に行われます。

ファイルまたはNISマップで サーバのディレクトリとローカルのマウントポイントを指定しておきます。指定したローカルなディレクトリをユーザがアクセスすると自動的にマウントがかかります。ディレクトリへのアクセスを検知し、自動的にマウントするプロセスがautomountデーモンです。また一定時間（デフォルトは5分）アクセスしないと自動的にアンマウントします。このため、クライアントは常にサーバの最新の状態でマウントをかけておくことができます。

オートマウントでは/etc/fstabは参照されず、ユーザはmountコマンドを実行する必要はありません。オートマウントはクライアント側で設定する機能であり、サーバ側でオートマウントのための特別な設定は必要ありません。

間接マップはマスターマップ/etc/auto.masterで指定されたマップファイルの第1フィールドでマウントポイントを指定します。

マウントポイントは「マスターマップの第1フィールドの値/マップファイルの第1フィールドの値」となります。

直接マップはマスターマップの第1フィールドでマウントポイントを指定します。

次の図は間接マップを使用したオートマウントの概要です。

オートマウントの概要

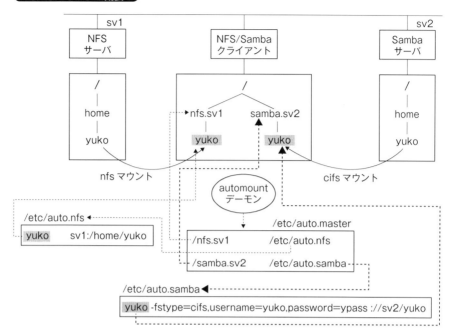

sv1はNFSサーバで/homeをエクスポートしています。ユーザyukoが登録されます。sv2はSambaサーバでsmb.confには[homes]セクションがあります。Sambaユーザyukoが登録されています。

設定手順は以下のとおりです。

①マスターマップファイル/etc/auto.masterを編集する
②/etc/auto.masterに指定したマップファイルを編集する
③「/etc/init.d/autofs start」コマンドを実行し、autofsを開始する

これによりautomountデーモンが起動します。

設定方法には直接マップを使用する方法と間接マップを使用する方法があります。直接マップを使用する場合、マウントポイントはマップファイルのキーにより絶対パスかつフルパスで指定します。間接マップを使用する場合、マウントポイントは「マスターマップのマウントポイント/マップファイルのキー」となります。

①マスターマップファイル/etc/auto.masterを編集する

/etc/auto.master の書式例　マウントポイント　マップファイル　[オプション]

直接マップの場合、マウントポイントは「/-」と記述し、実際のマウントポイントはマップファイルのキーで絶対パスかつフルパスで指定します。間接マップの場合、マウントポイントはベースディレクトリを絶対パスで指定します。
参照するマップファイルを指定します。マップファイル以外にもプログラムなどの他のマップタイプも指定できます。

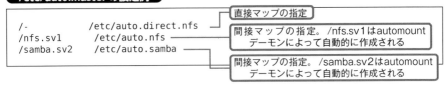

②/etc/auto.masterに指定したマップファイルを編集する

マップファイルの書式例 キー ［マウントオプション］ ロケーション

直接マップの場合、キーにはマウントポイントを絶対パスで指定します。
間接マップの場合、キーにはマスターマップのマウントポイントからの相対パスで、単一のディレクトリ要素を指定します。
マウントオプションには、デフォルトのNFS以外の場合に「-fstype=cifs」のようにファイルシステムタイプなどを指定することができます。
ロケーションにはサーバとディレクトリを指定します。

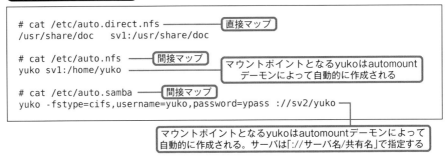

この設定の場合、cifsをマウントするmount.cifsコマンドがインストールされている必要があります。

③「/etc/init.d/autofs start」コマンドを実行し、autofsを開始する

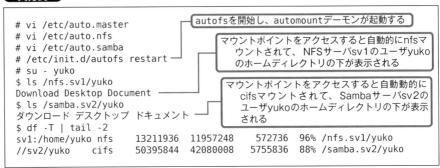

《答え》C

201試験

問題 4-30

重要度 《★★☆》 ： □ □ □

オートマウントの設定についての説明で正しいものはどれですか？ 4つ選択してください。

- **A.** マップファイルのエントリごとにautomountデーモンが起動する
- **B.** マップファイルを編集してもautofsの再起動の必要なし
- **C.** マスターマップのエントリごとにautomountデーモンあるいはスレッドが起動する
- **D.** auto.masterを編集したらautofsの再起動が必要
- **E.** マスターマップの1つのエントリに対してマップファイルの複数のエントリを割り当てることができる

4章 ファイルシステム

《解説》マスターマップ/etc/auto.masterを編集した場合はautofsの再起動「/etc/init.d/autofs restart」が必要ですが、マップファイルを編集した場合はその時点で有効になり、 autofsの再起動は必要ありません。したがって、選択肢Bと選択肢Dは正解です。automountデーモンはマルチスレッド化されていないautofsバージョン4の場合、マスターマップの1つのエントリに対して1つのautomountデーモンが起動します。

次の実行例はautofs 4.1.3で/etc/auto.masterのエントリ「/nfs.sv1 /etc/auto.nfs1」と「/nfs.sv2 /etc/auto.nfs2」のそれぞれに対してautomountデーモンが起動する例です。

実行例

```
$ ps -ef | grep auto
root 13594 1 0 05:40 pts/3 00:00:00 /usr/sbin/automount --timeout=60 /nfs.
sv1 file /etc/auto.nfs1
root 13661 1 0 05:40 pts/3 00:00:00 /usr/sbin/automount --timeout=60 /nfs.
sv2 file /etc/auto.nfs2
```

マルチスレッド化された新しいバージョンの場合、マスターマップの1つのエントリに対して1つのスレッドが対応し、起動するautomountデーモンは1つです。

次の実行例はautofs 5.0.5の場合で、上記autofs 4.1.3と同じ複数のエントリを持つ/etc/auto.masterに対して1つのautomountデーモンが起動し、 1つのエントリに1つのスレッドが対応します。

実行例

```
$ ps -ef | grep auto
root 22278 1 0 15:16 ? 00:00:00 automount --pid-file /var/run/autofs.pid
```

したがって、選択肢Aは誤りで、選択肢Cは正解です。

111

マスターマップの1つのエントリに対してマップファイルの複数のエントリを割り当てることができます。したがって、選択肢Eは正解です。

実行例

```
# cat /etc/auto.master
/nfs.sv1        /etc/auto.nfs

# cat /etc/auto.nfs
yuko sv1:/home/yuko
ryo  sv1:/home/ryo
```

> auto.masterの1つのエントリ「/nfs.sv1 /etc/auto.nfs」に対して、/etc/auto.nfsファイルの中で2つのエントリを指定する例

《答え》B、C、D、E

問題 4-31

重要度《★★★》:□□□

Windowsの共有名sharenameを提供するホストlpicがあります。automountでシステムのローカルディレクトリに接続するためのサーバ指定はどれですか? 1つ選択してください。

A. lpic:/sharename
B. \\lpic\sharename
C. \\\lpic\sharename
D. ://lpic/sharename

《解説》問題4-29の解説のとおり、選択肢Dが正解です。

《答え》D

201試験

5章

高度なストレージと
デバイスの管理

■本章のポイント

❖RAIDの構築と管理

複数のハードディスクを連結して1台の仮想的な
ディスクを構成する技術であるRAIDと、 RAID
レベルと呼ばれる構成の特徴を理解します。
また、 mdadmコマンドを使ったRAIDの構築、
管理の方法と設定ファイルであるmdadm.conf
の記述について理解します。

重要キーワード

ファイル：**/etc/mdadm.conf**、
/proc/mdstat
コマンド：**mdadm**
その 他：**RAIDレベル、冗長性**

❖LVMの構築と管理

LVMではパーティションの制限を受けない伸縮
可能な論理ボリュームを作成し、そこにファイ
ルシステムを構築できます。 LVMを構成する要
素と、各要素を操作する複数のコマンドにより
LVMを構築し管理する方法を理解します。

重要キーワード

コマンド：**pvcreate、vgcreate、lvcreate、**
vgextend、vgreduce
その 他：**物理ボリューム、物理エクステント、**
ボリュームグループ、論理ボリューム

❖デバイスの管理

udevはデバイスファイルを動的に作成、削除す
る仕組みです。 udevの仕組みと管理方法、お
よび様々なデバイスファイルの利用方法を理解
します。

重要キーワード

ファイル：**/etc/udev**、
/etc/udev/rules.d、
/lib/udev/rules.d、
/proc/bus/usb/devices、
/dev/input/mice、
/dev/disk/by-uuid
コマンド：**udevd、udevadm、**
hdparm、sdparm
その 他：**udev、udevルール、**
デバイスマッパー、LVM2

問題 5-1　重要度 《★★★》

カーネル2.6で、RAIDを構築するためのコマンドを記述してください。

《解説》RAID（Redundant Arrays of Independent DisksまたはRedundant Arrays of Inexpensive Disks）は複数のハードディスクを連結して1台の仮想的なディスクを構成する技術です。冗長性を持たせることによる耐障害性の向上や、並列な同時アクセスによる高速化を実現します。

RAIDレベルと呼ばれる構成方法により、RAID 0、1、2、3、4、5、6、01、10があります。RAIDにはハードウェアによる独立したデバイスとしてのハードウェアRAIDと、通常のハードディスクをOSによって管理するソフトウェアRAIDがあります。Linuxではカーネルのmd（Multiple Devices）ドライバによりソフトウェアRAIDを構成し、RAIDレベルの0、1、4、5、6、10をサポートします。

RAID レベル

RAIDレベル	説明
RAID 0（ストライピング）	書き込みの単位であるブロック（チャンクあるいはストライプとも呼ぶ）の1番目を1台目のディスクに2番目を2台目のディスクに、と複数のディスクに分散することにより、アクセスを高速化する。冗長性がないため耐障害性がない
RAID 1（ミラーリング）	2台以上のディスクに同じデータを同時に書き込む。1台のディスクに故障が発生しても他のディスクで稼働できる。冗長性が高く耐障害性も高い
RAID 4	RAID 0にパリティディスクを追加した構成である。1台のディスクに故障が発生しても、パリティを利用してデータを計算できる
RAID 5	パリティを複数のディスクに分散して記録する。最低3台のディスクが必要である。1台のディスクに故障が発生してもパリティを利用してデータを計算できるが、計算のためにパフォーマンスが低下する。2台以上のディスクが故障すると回復できない。パリティの領域は全体の、1/ディスク台数、となる。RAID 1に比べて冗長性が低く、ディスクの使用効率に優れている
RAID 6	2種類のパリティを複数のディスクに分散して記録する。最低4台のディスクが必要である。2台のディスクが同時に故障してもパリティを利用してデータを計算できる。
RAID 10（1+0）	複数のRAID 1の仮想ディスクをRAID 0で構成する。冗長性と高速化の両方を実現する

RAID の構成

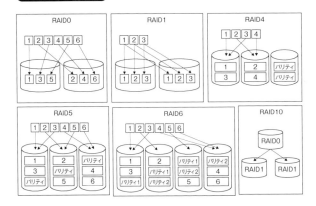

201試験

カーネル2.6以降ではRAIDを構築するためのコマンドはmdadmです。

構文 mdadm ［モード］ <RAIDデバイス> ［オプション］ <デバイス>

以下は、 mdadmコマンドのモードごとに指定するオプションです。

モードとオプション

主なモード	主なオプション	説明
Assembleモード		作成済みのRAIDアレイを編成し開始するモード
	-A、 --assemble	Assembleモードの指定。このオプションは第1引数に指定する
	-s、 --scan	設定ファイルを参照し、もし記述がなければ、未使用のデバイスをスキャンする
Createモード		RAIDアレイを新規に作成し開始するモード
	-C、 --create	Createモードの指定。このオプションは第1引数に指定する。構成情報を格納するメタデータ（スーパーブロック）が各デバイスの先頭部あるいは最後部（バージョンによる）に作成される
	-l、 --level	RAIDレベルを指定する。指定できるレベルは、0、 1、 4、 5、 6、10（その他に、 linear、 multipath、 mp、 faulty、 containerといった指定もできる）。
	-n、 --raid-devices	RAIDアレイのデバイスの個数を指定する
	-x、 --spare-devices	スペアデバイスの個数を指定する
Manageモード		デバイスの追加や削除を行うモード。 --add、 --fail、 --removeオプションを指定した場合はManageモードになる
	-a、 --add	デバイスをRAIDアレイ、あるいはホットスペアに追加する。 RAIDアレイが稼働中でも可能
	-f、 --fail	デバイスにfaultyフラグを設定する
	-r、 --remove	デバイスをRAIDアレイから取り外す
Monitorモード		RAIDアレイを定期的にモニタし、 syslogやmailで報告するモード
	-F、 --follow、 --monitor	Monitorモードの指定。このオプションは第1引数に指定する
	-m、 --mail	障害発生時に警告メッセージを指定したメールアドレスに送信する
	-f、 --daemonise	mdadmはバックグラウンドプロセスとしてモニタを行う
	-t、 --test	RAID開始時にテスト用の警告メッセージを送信する
Miscモード		RAIDデバイスの問い合わせ、設定、停止を行うモード。 --stop、--examine、 --detail、 --zero-superblockオプションが第1引数の場合はMiscモードになる
	-S、 --stop	RAIDアレイを停止する。 --scanオプションを付加した場合はアクティブなRAIDアレイをすべて停止する
	-E、 --examine	引数にデバイスを指定した場合はデバイスのメタデータ（スーパーブロック）の情報を表示する。 --scanオプションを付加した場合は設定ファイルmdadm.confの書式で、 1行のエントリを表示する
	-D、 --detail	アクティブなRAIDアレイの詳細情報を表示する。 --scanオプションを付加した場合は設定ファイルmdadm.confの書式で、 1行のエントリを表示する
	--zero-superblock	既存のスーパーブロックの内容をゼロで上書きする。以前にRAIDで使用されたディスクを新しいディスクとしてRAIDアレイに追加する時に使用する

※RAIDのための複数のディスクから構成された配列をRAIDアレイと呼びます。

次の例では、 2台のディスク（パーティション）からRAID1を構成し、もう1台をスペアに設定しています。パーティションタイプは0xfd（RAID）に事前に設定しておきます。

5章

高度なストレージとデバイスの管理

115

実行例

```
# mdadm -C /dev/md0 --level 1 --raid-devices 2 --spare-devices 1 /dev/sda1
/dev/sdb1 /dev/sdc1
mdadm: Note: this array has metadata at the start and may not be suitable
as a boot device.
.............（途中省略）...................
Continue creating array? y
mdadm: Defaulting to version 1.2 metadata
mdadm: array /dev/md0 started.
# mdadm -D /dev/md0
/dev/md0:
          Version : 1.2
    Creation Time : Sat Aug 18 00:08:15 2012
       Raid Level : raid1
       Array Size : 168639 (164.71 MiB 172.69 MB)
    Used Dev Size : 168639 (164.71 MiB 172.69 MB)
     Raid Devices : 2
    Total Devices : 3
      Persistence : Superblock is persistent
.............（途中省略）...................
    Number   Major   Minor   RaidDevice State
       0       8       1        0        active sync   /dev/sda1
       1       8      17        1        active sync   /dev/sdb1
       2       8      33        -        spare         /dev/sdc1
# mkfs -t ext4 /dev/md0; mkdir /mnt/raid1; mount /dev/md0 /mnt/raid1
# df /mnt/raid1
Filesystem              1K-ブロック      使用      使用可  使用% マウント位置
/dev/md0                   163310       5646     149233    4% /mnt/raid1
# umount /mnt/raid1
# mdadm -S /dev/md0
mdadm: stopped /dev/md0
# mdadm -As
mdadm: /dev/md/0 has been started with 2 drives and 1 spare.
```

- RAIDレベル1のRAIDデバイスである/dev/md0を作成
- 作成した/dev/md0の詳細情報を表示
- /dev/md0にファイルシステムを作成し、マウントする

RAIDの動作状態の情報は/proc/mdstatファイルに格納されています。

実行例

```
# cat /proc/mdstat
Personalities : [raid1]
md0 : active raid1 sdb1[1] sdc1[2](S) sda1[0]
      168639 blocks super 1.2 [2/2] [UU]

unused devices: <none>

# cat /proc/mdstat
Personalities : [raid1]
unused devices: <none>

# cat /proc/mdstat
Personalities :
unused devices: <none>
```

- RAID1が動作している場合の例
- RAID1が停止している場合の例
- RAID構成がない場合（あるいはudevで検知されなかった場合）の例

RAIDの動作状態は、「mdadm --detail --scan」あるいは「mdadm --detail RAIDデバイス名」コマンドでも表示できます。

《答え》mdadm

問題 5-2　重要度 ★★★

複数のRAID1デバイスを組み合わせてRAID0を構成するRAIDレベルはどれですか？
1つ選択してください。

　　A. RAID10　　　　　　　　B. RAID4
　　C. Mirror　　　　　　　　 D. Striping

《解説》複数のRAID1デバイスを組み合わせてRAID0を構成するRAIDレベルはRAID10です。問題5-1の解説を参照してください。

《答え》A

問題 5-3　重要度 ★☆☆

RAID1を構成しているディスクの1台に故障が発生しました。確認のためにmdadmコマンドを実行したところ次のように表示されました。

実行例

```
# mdadm -D /dev/md0 | tail -5
   Number   Major   Minor   RaidDevice State
      0       8       1        0      active sync   /dev/sda1
      2       8      33        1      active sync   /dev/sdc1
      1       8      17        -      faulty spare  /dev/sdb1
```

故障したディスクをRAIDから取り外して修理する場合に実行すべきコマンドを1つ選択してください。

　　A. mdadm -A /dev/md0 -d /dev/sda1
　　B. mdadm /dev/md0 -d /dev/sdb1
　　C. mdadm -A /dev/md0 -r /dev/sda1
　　D. mdadm /dev/md0 -r /dev/sdb1

《解説》問題5-1の解説の「モードとオプション」のとおり、RAIDアレイからディスクを取り外すには-rあるいは--removeオプションを指定します。「mdadm -D」コマンドの表示から、Stateが「faulty」となっている/dev/sdb1が故障しているので、選択肢Dが正解です。

以下の実行例は、問題5-1のRAID1アレイに故障が発生した後の修復手順です。
「mdadm -F -f --mail メールアドレス --scan」コマンドを実行すると、RAIDアレイに
故障が発生した時にはメールが送られて来ます。実行例では、メールを受け取った後、
故障したディスクを取り外して修理し、再び追加しています。

実行例

```
-----------------------------------------------------------
From: mdadm monitoring <root@examhost.localdomain>          故障が発生すると
To: root@examhost.localdomain                               mdadmコマンドから
Subject: Fail event on /dev/md0:examhost.localdomain        メールが送られて来る
Date: Sat, 18 Aug 2012 21:56:11 +0900 (JST)
Status: R

This is an automatically generated mail message from mdadm
running on examhost.localdomain
A Fail event had been detected on md device /dev/md0.
It could be related to component device /dev/sdb1.

Faithfully yours, etc.
P.S. The /proc/mdstat file currently contains the following:
Personalities : [raid1]
md0 : active raid1 sda1[0] sdc1[2] sdb1[1](F)
      168639 blocks super 1.2 [2/1] [U_]
      [>....................] recovery =  0.0% (0/168639) finish=175.6min
speed=0K/sec
unused devices: <none>           故障したディスクsdb1の代わりに自動的に入れ替わって
-----------------------------------------------------------  スペア(ホットスペア)ディスクsdc1がRAID1を構成

# mdadm -D /dev/md0 | tail -5      RAIDアレイの状態を確認する
    Number   Major   Minor   RaidDevice State
       0        8       1        0      active sync   /dev/sda1
       2        8      33        1      active sync   /dev/sdc1
       1        8      17        -      faulty spare   /dev/sdb1
# mdadm /dev/md0 -r /dev/sdb1              故障したディスクsdb1を
mdadm: hot removed /dev/sdb1 from /dev/md0  RAIDアレイmd0から取り外す
# mdadm -D /dev/md0 | tail -5
    Number   Major   Minor   RaidDevice State   sdb1のStateはfaultyになっている
       0        8       1        0      active sync   /dev/sda1
       2        8      33        1      active sync   /dev/sdc1
# mdadm --zero-superblock /dev/sdb1     ディスクの修理が完了し、RAIDアレイ
# mdadm /dev/md0 -a /dev/sdb1           md0に再び追加する前に以前のスーパー
mdadm: added /dev/sdb1                  ブロックをゼロで上書きする
# mdadm -D /dev/md0 | tail -5
    Number   Major   Minor   RaidDevice State
       0        8       1        0      active sync   /dev/sda1
       2        8      33        1      active sync   /dev/sdc1
       3        8      17        -      spare         /dev/sdb1
                                        追加したディスクはスペアとなる
                                        RAIDアレイmd0にディスクsdb1を追加
```

-fあるいは--failオプションによりfaultyフラグを設定することができます。

実行例

```
# mdadm /dev/md0 -f /dev/sdb1
mdadm: set /dev/sdb1 faulty in /dev/md0
```

《答え》D

問題 5-4

重要度 《★★☆》

mdadmコマンドを使ってRAIDを構築する時の設定ファイル名を記述してください。

《解説》デフォルトの設定ファイルは/etc/mdadm.confです。
RAIDを構成するディスクパーティションのメタデータ（スーパーブロック）にRAIDの構成と状態が格納されています。RAIDのスーパーブロックはRAIDを構成する各デバイスの最後部にあります。この情報を参照することによりRAIDを編成し開始できます。
システム起動時にはudevによりmdadmコマンドが実行され、デバイスファイルが作成されて、自動的にRAIDが編成、開始されます。
したがって、設定ファイルの作成は必須ではありませんが、RAIDデバイス名や構成を記述することで、mdadmコマンド実行時の管理がしやすくなり、管理者にとってRAID構成を確認できるので、作成しておくと便利です。
現在のRAID構成を記述するエントリは、mdadmコマンドの--examineと--scan、あるいは--detailと--scanオプションを付けて実行することで作成できます。また--verboseオプションにより構成デバイスの情報も追加されます。

実行例

```
# mdadm -Esv >> /etc/mdadm.conf
# cat /etc/mdadm.conf
ARRAY /dev/md/0 level=raid1 metadata=1.2 num-devices=2 UUID=961528e9:b522f1
eb:4128d418:f0669e1d name=examhost.localdomain:0
   spares=1   devices=/dev/sdc1,/dev/sdb1,/dev/sda1
```

《答え》mdadm.conf

問題 5-5　重要度 《★★★》　□□□

RAID5で最低限必要なHDDの数はいくつですか？　1つ選択してください。

A. 1
B. 2
C. 3
D. 4

《解説》問題5-1のRAIDレベルの解説のとおり、RAID5では最低3台のディスク（パーティション）が必要になります。

《答え》C

問題 5-6　重要度 《★★☆》　□□□

最も冗長性の高いRAID構成はどれですか？　1つ選択してください。

A. RAID0
B. RAID1
C. RAID4
D. RAID5

《解説》各RAIDレベルの、ディスク全体に対する冗長部分の割合は次のようになります。
- RAID0：0%
- RAID1：50%（ディスク2台構成の場合。台数が増えると冗長性はさらに高くなる）
- RAID4とRAID5：33%（ディスク3台構成の場合。台数が増えると冗長性はさらに低くなる）

したがって、選択肢BのRAID1が正解です。

《答え》B

重要度 《★★★》

新規にLVMを作成し、LVM上にファイルシステムを作成して利用できるようにするまでの、コマンドの正しい実行順はどれですか？ 1つ選択してください。

A. pvcreate → vgcreate → lvcreate → mkfs → mount
B. lvcreate → mkfs → pvcreate → vgcreate → mount
C. pvcreate → lvcreate → mkfs → mount → vgcreate
D. vgcreate → pvcreate → lvcreate → mkfs → mount

《解説》LVM（Logical Volume Manager）は複数のディスクパーティションからなる、パーティションの制限を受けない伸縮可能な論理ボリューム（LV：Logical Volume）を構成します。この論理ボリューム上にファイルシステムを作成できます。

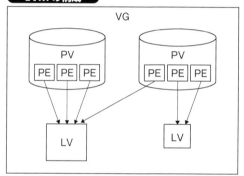

LVMの構成

LVMの構成要素

構成要素	説明
物理ボリューム （PV：Physical Volume）	PEの集合を保持するボリューム。ディスクパーティション、ディスク、ファイル、メタデバイスから初期化される
物理エクステント （PE：Physical Extent）	LVに割り当てられる単位。PEサイズはVG作成時に決められる
ボリュームグループ （VG：Volume Group）	PVとLVを含む。PVの集合から任意サイズのLVを作成できる
論理ボリューム （LV：Logical Volume）	VGから作成されるパーティションの制限を受けないボリューム。LV上にファイルシステムを作成する

Linuxカーネル2.6からのLVMはデバイスマッパーを利用したLVM2（LVM Version2）です。デバイスマッパー（device-mapper）は論理デバイスと物理デバイスのマッピング機構を提供し、Linuxカーネルのdmドライバとして実装されています。LVMでは論理ボリューム（LV）と物理ボリューム内の物理エクステント（PE）とのマッピングに利用されます。例えば、LVMのボリュームグループ名をvg01、そこから作成した論理

ボリューム名をlv01とした場合、論理ボリュームのデバイスファイルは/dev/vg01/lv01、 /dev/mapper/vg01-lv01、これが1番目の論理ボリュームとすると/dev/dm-0が作成されますが、いずれもdmドライバのデバイスファイルとなります。

LVM 管理コマンド

コマンド	説明	重要度	関連問題
物理ボリューム(PV)の管理			
pvcreate	物理ボリュームの作成	★★★	問題5-7、問題5-8、問題5-11
pvremove	物理ボリュームの削除	★☆☆	
pvdisplay	物理ボリュームの表示	★☆☆	
ボリュームグループ(vg)の管理			
vgcreate	ボリュームグループの作成	★★★	問題5-7、問題5-9
vgextend	ボリュームグループの拡張	★★★	問題5-12
vgreduce	ボリュームグループの縮小	★★★	問題5-14
vgremove	ボリュームグループの削除	★☆☆	
vgdisplay	ボリュームグループの表示	★☆☆	
論理ボリューム(LV)の管理			
lvcreate	論理ボリュームの作成、スナップショットの作成	★★★	問題5-7、問題5-10、問題5-15
lvextend	論理ボリュームの拡張	★★★	問題5-13
lvreduce	論理ボリュームの縮小	★☆☆	
lvremove	論理ボリュームの削除	★☆☆	
lvdisplay	論理ボリュームの表示	★☆☆	

新規にLVMを作成し、LVM上にファイルシステムを作成して利用できるようにする手順は次のようになります。
①pvcreateコマンドによりPVを作成
②vgcreateコマンドによりPVからVGを作成
③lvcreateコマンドによりVGからLVを作成
④mkfsコマンドによりLV上にファイルシステムを作成
⑤作成したファイルシステムをマウント

《答え》A

問題 5-8

重要度 《★★☆》 □ □ □

LVMで物理ボリュームを作成するコマンドはどれですか？ 1つ選択してください。

A. vgcreate
B. pvcreate
C. lvcreate
D. pecreate

《解説》問題5-7の解説のとおり、物理ボリュームを作成するコマンドはpvcreateです。
以下では、2台の物理ボリューム（PV）を作成した後、設定状態を確認しています。パーティションタイプは0x8e（LVM）にあらかじめ設定しておきます。

実行例

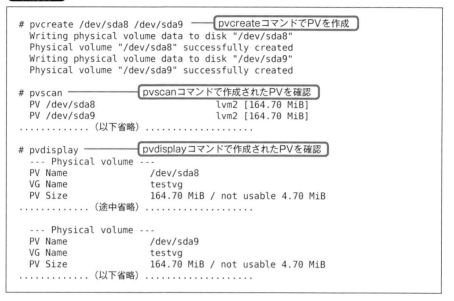

《答え》B

問題 5-9　重要度《★★☆》

LVMで複数の物理ボリュームからボリュームグループを作成するコマンドはどれですか？　1つ選択してください。

A. vgcreate
B. pvcreate
C. lvcreate
D. pecreate

《解説》問題5-7の解説のとおり、ボリュームグループを作成するコマンドはvgcreateです。
以下では2台の物理ボリュームから成るボリュームグループ（VG）を作成した後、設定状態を確認しています。サイズ320MBのボリュームグループが作成されたことが確認できます。

実行例

```
# vgcreate testvg /dev/sda8 /dev/sda9 ──── vgcreateコマンドでVGを作成。
  Volume group "testvg" successfully created     VG名はtestvg

# vgdisplay testvg ──── vgdisplayコマンドで作成されたVGを確認
  --- Volume group ---
  VG Name                testvg
  System ID
  Format                 lvm2
  .............（途中省略）.................
  VG Size                320.00 MiB
  PE Size                4.00 MiB
  Total PE               80
  Alloc PE / Size        0 / 0
  Free  PE / Size        80 / 320.00 MiB
  VG UUID                6gSlgE-BKe8-gyUn-vPyh-daj1-vt0H-1AulUi
```

《答え》A

問題 5-10

重要度 《★★★》 □ □ □

LVMで論理ボリュームを作成するコマンドはどれですか？　1つ選択してください。

A. vgcreate 　　　　　　　　　**B.** pvcreate

C. lvcreate 　　　　　　　　　**D.** pecreate

《解説》問題5-7の解説のとおり、論理ボリュームを作成するコマンドはlvcreateです。
　　　以下ではボリュームグループからサイズ50MBの論理ボリューム（LV）を作成した後、
　　　設定状態を確認しています。

実行例

```
                                     lvcreateコマンドでVG名testvgからLVを
# lvcreate -L 50M -n lv01 testvg ──┐ 作成。サイズは50MB、LV名はlv01
  Rounding up size to full physical extent 52.00 MiB
  Logical volume "lv01" created

# lvcreate -L 40M -n lv02 testvg ──── lvcreateコマンドでLVを作成
  Logical volume "lv02" created

# lvdisplay /dev/testvg/lv01 ──── lvdisplayコマンドで作成されたLVを確認
  --- Logical volume ---
  LV Name                /dev/testvg/lv01
  VG Name                testvg
  LV UUID                hBdQcT-S95F-CcsS-ilhv-Gtzh-4LNj-65wuXW
  LV Write Access        read/write
  LV Status              available
  # open                 0
  LV Size                52.00 MiB
  .............（以下省略）.................
```

124

《答え》C

問題 5-11　重要度《★★☆》

LVMの論理ボリュームを拡張したいのですが、ボリュームグループvg1の容量が不足しています。/dev/sdd1をボリュームグループに追加するために、まず実行しなければならないコマンドはどれですか？　1つ選択してください。

- A. lvextend　vg1
- B. vgcreate　/dev/sdd1
- C. vgextend　vg1
- D. pvcreate　/dev/sdd1

《解説》/dev/sdd1をボリュームグループに追加するためには、問題5-8と同じく、まず/dev/sdd1をpvcreateコマンドにより物理ボリュームとして初期化します。その後、vgextendコマンドで作成したPVをVGに追加します（vgextendコマンドについては問題5-12の解説を参照）。VGに十分な空き容量ができたら、lvextendコマンドでLVの容量を拡張します（lvextendについては問題5-13の解説を参照）。

《答え》D

問題 5-12　重要度《★★★》

vgextendは何をするコマンドですか？　1つ選択してください。

- A. 論理ボリュームにボリュームグループを追加することにより、論理ボリュームの容量を拡張する
- B. 物理ボリュームにボリュームグループを追加することにより、物理ボリュームの容量を拡張する
- C. ボリュームグループに論理ボリュームを追加することにより、ボリュームグループの容量を拡張する
- D. ボリュームグループに物理ボリュームを追加することにより、ボリュームグループの容量を拡張する

《解説》vgextendコマンドはボリュームグループに物理ボリュームを追加することにより、ボリュームグループの容量を拡張するコマンドです。

主な構文 `vgextend [オプション] ボリュームグループ 物理ボリューム...`

実行例

```
# vgextend testvg /dev/sda10
  Volume group "testvg" successfully extended
```

《答え》D

問題 5-13

重要度《★★★》 □ □ □

LVMの論理ボリュームを拡張するコマンドはどれですか？ 1つ選択してください。

A. lvextend

B. lvcreate

C. vgextend

D. vgcreate

《解説》論理ボリュームを拡張するコマンドはlvextendです。

既に論理ボリュームにext2/ext3/ext4ファイルシステムが構築されている場合は、resize2fsコマンドでファイルシステムを論理ボリュームに合わせて拡張します。

主な構文 `lvextend [オプション] 論理ボリューム`

オプション

主なオプション	説明
-L (--size) [+]サイズ	サイズの指定。単位はM(Megabyte)、G(Gigabyte)、T(Terabyte)。+を付けた場合は拡張サイズの指定となる

実行例

```
# lvextend -L +20M /dev/testvg/lv01 ──────  LV名lv01を20MB拡張
  Extending logical volume lv01 to 72.00 MiB
  Logical volume lv01 successfully resized

# resize2fs /dev/testvg/lv01 ────  ファイルシステムを論理ボリュームに合わせて拡張
resize2fs 1.41.12 (17-May-2010)
Filesystem at /dev/testvg/lv01 is mounted on /mnt/lv01; on-line resizing
required
old desc_blocks = 1, new_desc_blocks = 1
Performing an on-line resize of /dev/testvg/lv01 to 73728 (1k) blocks.
The filesystem on /dev/testvg/lv01 is now 73728 blocks long.
```

《答え》A

問題 5-14　重要度 ★★★

LVMでボリュームグループから物理ボリュームを削除するコマンドを記述してください。

《解説》LVMでボリュームグループから物理ボリュームを削除するコマンドはvgreduceです。物理ボリュームの削除によりボリュームグループのサイズが縮小します。

主な構文　vgreduce [オプション] ボリュームグループ [物理ボリューム...]

実行例

```
# vgreduce testvg /dev/sda9
  Removed "/dev/sda9" from volume group "testvg"
```

《答え》vgreduce

問題 5-15　重要度 ★★★

LVMの論理ボリュームのスナップショットを取った後にバックアップを取り、その後に使用済みのスナップショットを破棄するコマンドはどれですか？　1つ選択してください。

A. lvsnap → lvdump → lvremove
B. lvsnapshot → lvmount → lvremove
C. lvcreate → mount → lvdelete
D. lvcreate → dump → lvremove

《解説》スナップショットを取るには「lvcreate -s」あるいは「lvcreate --snapshot」コマンドを実行します。スナップショットにアクセスするには、mountコマンドでスナップショットデバイスをマウントします。スナップショットのバックアップを取るには、dumpコマンドでスナップショットデバイスを指定します。スナップショットの削除は、lvremoveコマンドでスナップショットデバイスを指定します。
したがって、選択肢Dが正解です。

ボリュームグループ testvg の中の論理ボリューム lv01 のスナップショットを取る

```
# lvcreate -s -L 50M -n lv01_snap /dev/testvg/lv01
 (または、lvcreate --snapshot --size 50M --name lv01_snap /dev/testvg/lv01)
```

-sで指定するスナップショット用の論理ボリューム（スナップショットデバイス）は、スナップショットを取った後に更新されたデータのみを保持します。したがって、 -sで指定するサイズは元ボリュームからの更新分を見込んだ容量にします。

-nで、作成するスナップショット用の論理ボリュームの任意の名前を指定します。上記の例では「-n lv01_snap」と指定しているので、デバイス名は/dev/testvg/lv01_snapとなります。

《答え》 D

問題 5-16   重要度 《 ★ ☆ ☆ 》 □ □ □

udevに関する説明で正しいものはどれですか？　2つ選択してください。

- **A.** udevdは/dev/MAKEDEVの記述に従って/devの下にデバイスファイルを作成するデーモンである
- **B.** udevadmはudevdの起動と停止を行う管理コマンドである
- **C.** udevdはカーネルのudevイベントを受け取り、ルールに従ってデバイスファイルを動的に作成/削除するデーモンである
- **D.** udevadmはudevイベントのモニタやカーネルへのudevイベントのリクエストなどの機能を持つ管理コマンドである

《解説》 udevはデバイスにアクセスするための/devの下のデバイスファイルを動的に作成、削除する仕組みを提供します。

カーネルはシステム起動時あるいは稼働中に接続あるいは切断を検知したデバイスを/sysの下のデバイス情報に反映させ、 ueventをudevdデーモンに送ります。 udevdデーモンはueventを受け取ると/sysの下のデバイス情報を取得し、 /etc/udev/rules.dと/lib/udev/rules.dの下の.rulesファイルに記述されたデバイス作成ルールに従って/devの下のデバイスファイルを作成あるいは削除します。カーネルのデバイス検知にともなうこの自動的なデバイスファイルの作成・削除の仕組みにより、管理者はデバイスファイルを手作業で作成や削除をする必要がありません。

udev の概要

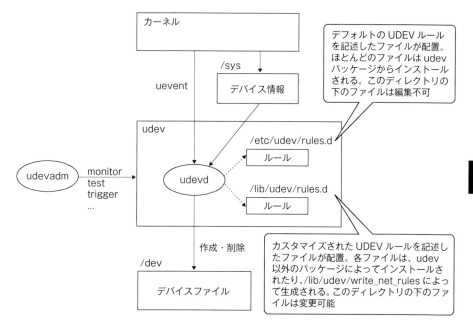

あわせてチェック！
/lib/udev/rules.dと/etc/udev/rules.dの各ディレクトリの役割と絶対パスは覚えておいてください。

《答え》C、D

問題 5-17　重要度《★★★》

「udevadm monitor」コマンドの説明で正しいものはどれですか？　1つ選択してください。

- A. /etc/udev/rules.dの下のルールをモニタし、変更があれば表示する
- B. ueventをモニタし、イベントをカーネルに送る
- C. カーネルのueventをモニタし、イベントをudevルールに送る
- D. カーネルのueventと、udevルールによって処理されるイベントを監視し、デバイスパスを表示する

《解説》udevadmはudevの管理コマンドです。サブコマンドにより、udevに対するデバイス情報の問い合わせ、カーネルイベントのリクエスト、イベントキューの監視、udevdデーモンの内部ステートの変更、カーネルのueventとudevルールによって処理される

イベントの監視とデバイスパスの表示、イベントのシミュレートを行います。

サブコマンドmonitorを指定した場合は、カーネルのueventとudevルールによって処理されるイベントをモニタし、デバイスパスを表示します。

旧バージョンのudevでは「udevmonitor」コマンドが「udevadm monitor」と同等の機能を提供します。旧バージョンのコマンド名も覚えておいてください。

udevadm のサブコマンド

サブコマンド	説明
info	udevに対するデバイス情報の問い合わせを行う
trigger	カーネルイベントをリクエストする
settle	イベントキューを監視する
control	udevdデーモンの内部ステートを変更する
monitor	カーネルのueventとudevルールによって処理されるイベントをモニタし、デバイスパスを表示する
test	イベントのシミュレートを行う

以下はUSBメモリを接続した時のudevイベントをモニタしたものです。

実行例

```
$ udevadm monitor
monitor will print the received events for:
UDEV - the event which udev sends out after rule processing
KERNEL - the kernel uevent
............（途中省略）...................
KERNEL[1345458517.099593] add      /devices/pci0000:00/0000:00:1d.7/usb2/2-
3/2-3:1.0/host19/target19:0:0/19:0:0:0/block/sdd (block)
KERNEL[1345458517.099621] add      /devices/pci0000:00/0000:00:1d.7/usb2/2-
3/2-3:1.0/host19/target19:0:0/19:0:0:0/block/sdd/sdd1 (block)
 UDEV  [1345458517.537370] add      /devices/pci0000:00/0000:00:1d.7/usb2/2-
3/2-3:1.0/host19/target19:0:0/19:0:0:0/block/sdd (block)
 UDEV  [1345458517.675029] add      /devices/pci0000:00/0000:00:1d.7/usb2/2-
3/2-3:1.0/host19/target19:0:0/19:0:0:0/block/sdd/sdd1 (block)
............（以下省略）...................
$ ls -l /dev/sdd*
brw-rw---- 1 root disk 8, 48  8月 20 19:28 2012 /dev/sdd
brw-rw---- 1 root disk 8, 49  8月 20 19:28 2012 /dev/sdd1
```

上記の実行例からカーネル（KERNEL）がデバイス追加（add）のueventをudevdに送り、udevd（UDEV）が処理をしていることがわかります。

/sys/devices/pci0000:00/0000:00:1d.7/usb2/2-3/2-3:1.0/host19/target19:0:0/19:0:0:0/block/sddの下がカーネルにより更新され、デバイスファイル作成ルールに従い、udevdが/dev/sddと/dev/sdd1を作成しています。

また、サブコマンドtriggerを指定するとカーネルイベントをリクエストします。/devの下の物理デバイスファイルだけでなく仮想デバイスファイルも更新されます。「udevadm monitor」と「udevadm trigger」コマンドを同時に実行することで、カーネルが検知したデバイスのデバイスファイル作成シーケンスをモニタできます。

《答え》D

130

201試験

問題 5-18

重要度 《★★★》 □ □ □

外付けUSB CD-ROMドライブ1台をシステムに接続しました。どのデバイス名を使用すれば、このドライブにアクセスすることができますか？　1つ選択してください。なお、他にCD-ROMドライブは接続されていません。

A. /dev/scd1

B. /dev/cdrom1

C. /dev/sr0

D. /dev/sda

《解説》 ハードディスクやCD-ROMドライブなどのデバイス名はデバイスドライバのコードの中に記述されています。

SCSI CD-ROMドライブのデバイスドライバではデバイス名は「sr」と記述されています。このデバイスドライバのソースはカーネルソースを展開したディレクトリの下のdrivers/scsi以下にあり、ここで確認できます。

USB CD-ROMドライブやSATA CD-ROMドライブは、SCSI CD-ROMドライブのデバイスドライバによって制御されます。したがって、デバイス名はsrとなります。1台目はsr0、2台目はsr1となります。デバイス名はシステム起動時のカーネルメッセージをdmesgで表示することにより確認できます。

デバイスファイルは、このデバイス名srを検知したUDEVがルールにしたがって作成します。主要なLinuxディストリビューションでは1台目は/dev/sr0、2台目は/dev/sr1を作成します。また、このファイルへのシンボリックリンクファイルを1台目は/dev/scd0、2台目は/dev/scd1として作成します。ディストリビューションによっては、この他に、/dev/cdrom、/dev/dvd、/dev/dvdrwといったシンボリックリンクファイルも作成します。

《答え》 C

5章 高度なストレージとデバイスの管理

131

問題 5-19　重要度 ★★★

tarファイルを2つ書き込んだテープメディアがSCSIテープドライブに装着され、現在テープドライブのヘッドはテープの先頭に位置しています。ここから「1つ目のtarファイルを読む→1つ目のtarファイルのEOFまで移動する→2つ目のtarファイルを読み込み、その後テープを巻き戻す」を実行して、2つのtarファイルを連続して読み込むには、次のコマンドラインの下線部にどのようなデバイス名を指定すればよいですか？ デバイス名を絶対パスで記述してください。

実行例

```
tar xvf _____ ; mt fsf 1; tar xvf /dev/st0
```

《解説》SCSIテープドライブ（1台目のテープドライブ）のデバイスファイルには次の2つがあります。
- /dev/st0：コマンド実行後、テープを巻き戻す
- /dev/nst0：コマンド実行後、そのままの位置に停止する

本問でのテープの操作は次のようになります。BOTはBeginning Of Tape、EOFはEnd Of Fileです。

テープメディアの内容

1) 最初の位置（①）
2) 「tar xvf /dev/nst0」を実行する。/dev/nst0を指定しているので、実行後はそのままの位置（②）で停止
3) 「mt fsf 1」を実行し、次のEOF（③）まで移動
4) 「tar xvf /dev/st0」を実行する。/dev/st0を指定しているので、④まで読んだ後に①の位置まで巻き戻す（⑤）

mtコマンドは読み書きせずにテープを操作するコマンドです。

オプション

主なオプション	説明
fsf count	（forward space file）countで指定した数のEOFまで移動し、次のファイルの先頭に位置する
bsf count	（backward space file）countで指定した数のEOFまで戻り、次のファイルの先頭に位置する
rewind	BOTの位置までテープを巻き戻す
status	ステータスを表示する

《答え》 /dev/nst0

問題 5-20　　重要度《★★★》⋮ □ □ □

USBのデバイス情報を調べる場所はどれですか？　1つ選択してください。

A. /proc/bus/usb/devices　　　　**B.** /etc/usb
C. /proc/usbbus　　　　　　　　**D.** /proc/usb/devices

《解説》 USBバスに接続されたデバイスの情報は/proc/bus/usb/devicesファイルに格納されています。 lsusbコマンドでも同等の情報を表示できます。
次の実行例はUSBディスクを接続した例です。

実行例

```
$ cat /proc/bus/usb/devices
T:  Bus=02 Lev=01 Prnt=01 Port=01 Cnt=02 Dev#=  3 Spd=480  MxCh= 0
D:  Ver= 2.00 Cls=00(>ifc ) Sub=00 Prot=00 MxPS=64 #Cfgs=  1
P:  Vendor=04bb ProdID=0135 Rev= 0.00
S:  Manufacturer=I-O DATA DEVICE, INC. ─── 製造メーカ名
S:  Product=I-O DATA HDPC-U ─── 製品名
S:  SerialNumber=000023D182903424 ─── シリアル番号
C:* #Ifs= 1 Cfg#= 1 Atr=c0 MxPwr=  2mA
I:* If#= 0 Alt= 0 #EPs= 2 Cls=08(stor.) Sub=06 Prot=50 Driver=usb-storage
E:  Ad=81(I) Atr=02(Bulk) MxPS= 512 Ivl=0ms
E:  Ad=02(O) Atr=02(Bulk) MxPS= 512 Ivl=0ms
............. (以下省略) ....................
```

USBデバイスの情報は/proc/bus/usb/devicesファイルにも格納されています。この他に重要なバスとしてPCIバスがあります。 USBバスはPCIバスに接続されています。 PCIバスに接続されたデバイスの情報はlspciコマンドで調べることができ、また、/proc/bus/pci/devicesファイルにも格納されています。
Ubuntu/Debian系のディストリビューションではハードウェアのinterrupts、ioportsとdmaの情報はlsdevコマンドで調べることができます。

《答え》 A

問題 5-21

重要度 《★★★》 ：□□□

Human Interface Device (HID) のUSBマウスのデバイスはどれですか？　1つ選択してください。

A. /dev/ttyS0　　　　　　**B.** /dev/input/mice
C. /dev/mouse　　　　　　**D.** /dev/usb/mouse

《解説》USBマウスのデバイスファイルは/dev/input/miceです。デバイス情報は/proc/bus/input/devicesに格納されています。

《答え》B

問題 5-22

重要度 《★★★》 ：□□□

/dev/diskディレクトリの下に、UUIDを置くサブディレクトリの名前を記述してください。

《解説》/dev/diskディレクトリの下のby-uuidディレクトリにはUUIDでディスクパーティションを識別するためのシンボリックリンクファイルが作成されます。
　　　　以下の実行例では、/dev/disk/by-uuidディレクトリの下に、128ビットのUUIDをファイル名とするデバイスファイルへのシンボリックリンクファイルが作成されているのが確認できます。このシンボリックリンクにより、UUIDからデバイスファイルへの対応付けが行われています。
　　　　dfコマンドの実行結果によりシンボリックリンク先の/dev/sda3はルートファイルシステムであることが確認できます。
　　　　「swapon -s」コマンドの実行結果によりシンボリックリンク先の/dev/sda5はスワップパーティションであることが確認できます。

> **実行例**
>
> ```
> $ ls -l /dev/disk/by-uuid/
> lrwxrwxrwx. 1 root root 10  7月  1 14:06 2012 0e2646cb-633f-498d-9427-
> 16ebf5083e44 -> ../../sda5
> lrwxrwxrwx. 1 root root 10  7月  1 14:06 2012 8256faff-0cbf-41b9-8c33-
> 8c17c1a7fa8c -> ../../sda3
>
> $ df /dev/sda3
> Filesystem          1K-ブロック        使用     使用可    使用%  マウント位置
> /dev/sda3           115457576    15225924   94366744    14%   /
> $ swapon -s
> Filename            Type          Size       Used     Priority
> /dev/sda5           partition     8189944    41216      -1
> ```

《答え》by-uuid

重要度

ファイルシステムが損傷してシステムが立ち上がらなくなったため、レスキューモードで起動しました。マウントポイントとして/mnt/usbディレクトリを作成したので、これから修復のためにバックアップ用USBディスクのファイルシステムをマウントします。どのコマンドを実行すればよいですか？　1つ選択してください。

- **A.** mount /dev/hda1 /mnt/usb
- **B.** mount /dev/sda1 /mnt/usb
- **C.** mount /dev/usb0 /mnt/usb
- **D.** mount /dev/usb1 /mnt/usb

《解説》USBストレージデバイスへのアクセスにはSCSIエミュレーションを使用するので、デバイス名はSCSIディスクと同じくsdとなります。したがって正しくデバイス名を指定している選択肢Bが正解です。

《答え》B

| 問題 | **5-24** | 重要度 《★★★》 | □ □ □ |

hdparmコマンドのオプションについての説明で正しいものはどれですか？　2つ選択してください。

A. -Iでディスクの詳細情報を表示する
B. -tで転送速度を測定する
C. -A0で先読みを有効に、-A1で先読みを無効にする
D. -d0でDMA転送を有効に、-d1でDMA転送を無効にする

《**解説**》hdparmコマンドは、ハードディスクのパラメータを表示、設定するコマンドです。IDEとSATAディスクに対応しています。

構文 hdparm [オプション] デバイス名

オプション

主なオプション	説明
-I	ディスクの詳細情報を表示
-t	読み込み時の転送速度を測定
-A	先読み機能のオンオフ。 -A0でオフ、 -A1でオン
-d	DMAモードのオンオフ。 -d0でオフ、 -d1でオン

201試験

> ### 実行例
>
> ```
> （ディスクの情報表示）
> # hdparm -I /dev/hda（抜粋表示）
>
> /dev/hda:
>
> ATA device, with non-removable media
>         Model Number:      VBOX HARDDISK
>         Serial Number:    VB64488288-cb968d50
>         Firmware Revision: 1.0
>
> ............（以下省略）...................
>
> （DMAモードをオフ、オンして、転送速度を比較）
> # hdparm -d0 /dev/hda
>
> ............（途中省略）...................
>  using_dma = 0 (off)
>
> # hdparm -t /dev/hda
>
> /dev/hda:
>  Timing buffered disk reads: 52 MB in 3.02 seconds = 17.21 MB/sec
>
> # hdparm -d1 /dev/hda
>
> ............（途中省略）...................
>  using_dma = 1 (on)
>
> # hdparm -t /dev/hda
>
> /dev/hda:
>  Timing buffered disk reads: 1618 MB in 3.00 seconds = 539.03 MB/sec
> ```

選択肢Cと選択肢Dは有効と無効が逆なので、誤りです。

《答え》 A、B

問題 5-25

重要度 《★★★》 □□□

IDEディスクに対してhdparmコマンドを順番に実行したところ、次のように表示されました。この結果についての適切な説明はどれですか？　1つ選択してください。

実行例

```
# hdparm -d0 /dev/hda
# hdparm -t /dev/hda
Timing buffered disk reads: 52 MB in 3.02 seconds = 17.21 MB/sec
# hdparm -d1 /dev/hda
# hdparm -t /dev/hda
Timing buffered disk reads: 1618 MB in 3.00 seconds = 539.03 MB/sec
```

A. 先読みを有効にしたデータ転送では毎秒17.21MBであったが、先読みを無効にしたデータ転送では毎秒539.03MBであった

B. 先読みを無効にしたデータ転送では毎秒17.21MBであったが、先読みを有効にしたデータ転送では毎秒539.03MBであった

C. DMAを有効にしたデータ転送では毎秒17.21MBであったが、DMAを無効にしたデータ転送では毎秒539.03MBであった

D. DMAを無効にしたデータ転送では毎秒17.21MBであったが、DMAを有効にしたデータ転送では毎秒539.03MBであった

《解説》-d0はDMAを無効にする設定です。この設定で-tにより実行した転送速度は毎秒17.21MBです。-d1はDMAを有効にする設定です。この設定で-tにより実行した転送速度は毎秒539.03MBです。
したがって、選択肢Dが正解です。

《答え》D

問題 5-26

重要度 《★★☆》 □□□

sdparmコマンドに含まれる機能はどれですか？　3つ選択してください。

A. SCSIディスクの表示と設定

B. SCSI CDROM/DVDドライブの表示と設定

C. SCSIテープデバイスの表示と設定

D. IDEディスクの表示と設定

201試験

《解説》sdparmコマンドはSCSIデバイスのモードページ(mode page)の表示、設定、および重要な製品データ(VPD：Vital Product Data)を表示するコマンドです。SCSIディスクの他にSCSI CDROM/DVDドライブやSCSIテープにも対応しています。

モードページの表示はMODE SENSEコマンド、設定はMODE SELECTコマンドをSCSIバスに送信することにより行います。

構文 sdparm [オプション] [デバイス名]

オプション

主なオプション	説明
-a、--all	検知したモードページのすべてのフィールドを表示する。このオプションを指定しない場合は一般的なフィールドを表示する
-C、--command=CMD	送信するSCSIコマンド(capacity、eject、profileなど)をCMDに指定する
-e、--enumerate	モードページの省略名、16進数、説明をリスト表示する
-i、--inquiry	VPDページを問い合わせて、その結果を表示する。ページを指定しない場合は、VPDのデバイス識別情報ページを表示する。ページを指定する場合は、「-p、--page=STR」で指定する。STRにはVPDページの省略名を指定する。VPDがないデバイスではエラーとなる
-p、--page=PG	-iオプションを指定しない場合は、モードページを省略名あるいは16進数でPGに指定する
-l、--long	情報をロングリストで表示する

実行例

```
(ハードディスクの一般的なモードページのフィールドをロングリストで表示)
# sdparm -l /dev/sda
  /dev/sda: ATA       ST9160412ASG      0002
  Direct access device specific parameters: WP=0 DPOFUA=0
Read write error recovery [rw] mode page:
 AWRE        1 Automatic write reallocation enabled
 ARRE        0 Automatic read reallocation enabled
 PER         0 Post error
............ (以下省略) ...................

(モードページの省略名、16進数、説明をリスト表示)
# sdparm -e
Mode pages:
 addp 0x0e,0x02 DT device primary port (ADC)
 adlu 0x0e,0x03 logical unit (ADC)
............ (以下省略) ...................

(ハードディスクがサポートしているVPDページをリスト表示)
# sdparm -i -p sv /dev/sda
  /dev/sda: ATA       ST9160412ASG      0002
Supported VPD pages VPD page:
 Supported VPD pages [sv]
 Unit serial number [sn]
............ (以下省略) ...................

(ハードディスクのVPDページからデバイス識別情報を表示。「sdparm -i -p di /dev/sda」と
同じ)
# sdparm -i /dev/sda
  /dev/sda: ATA       ST9160412ASG      0002
Device identification VPD page:
 Addressed logical unit:
  designator type: vendor specific [0x0], code set: ASCII
    vendor specific: 5VG09NBH
............ (以下省略) ...................
```

5章 高度なストレージとデバイスの管理

```
    （ハードディスクのVPDページからシリアル番号を表示）
# sdparm -i -p sn /dev/sda
   /dev/sda: ATA       ST9160412ASG      0002
Unit serial number VPD page:
      5VG09NBH

    （DVDドライブにメディアを挿入し、ドライブの機能とメディアのタイプを表示。「*」が付いた行
  がメディアのタイプ、それ以外はドライブの機能）
# sdparm -C profile /dev/dvd
   /dev/dvd: HL-DT-ST DVD+-RW GT10N     A106 [cd/dvd]
Available profiles, profile of current media marked with *
............. （途中省略） ...................
  DVD-RW sequential recording
  DVD-RW restricted overwrite
  DVD-R sequential recording *
  DVD-ROM
  CD-RW
  CD-R
  CD-ROM
  Removable disk

    （DVDドライブに挿入したメディアの容量を表示）
# sdparm -C capacity /dev/dvd
   /dev/dvd: HL-DT-ST DVD+-RW GT10N     A106 [cd/dvd]
blocks: 1915821
block_length: 2048
capacity_mib: 3741.8

    （ドライブからメディアを取り出し）
# sdparm -C eject /dev/dvd
```

sdparmコマンドはSCSIデバイスの設定／表示コマンドなので、IDEディスクには使えません。したがって、選択肢Dは誤りです。

《答え》A、B、C

201試験

6章

ネットワークの構成

本章のポイント

❖ネットワークインタフェースの管理

ネットワーク構成の基となるイーサネットと無線LANのネットワークインタフェースについて、状態の表示と設定をするコマンドの使用方法と仕組みの概要を理解します。

重要キーワード

コマンド：`ifconfig`、`ip`、`iwconfig`、
　　　　　`iwlist`

❖ネットワークの管理・監視

システムのポートの状態を把握し、ネットワークを流れるパケットを監視することで、ネットワークを適正な状態に維持するためのさまざまなコマンドの使い方を理解します。

重要キーワード

ファイル：`/etc/ethers`
コマンド：`ping`、`arp`、`tcpdump`、`netstat`、
　　　　　`nmap`、`nc`

❖ルーティングの管理

`route`コマンドあるいは`netstat`コマンドで表示されるルーティングテーブルの内容を理解し、また`route`コマンドおよび`ip`コマンドによりルーティングテーブルへのエントリの追加、削除を行う方法を理解します。

重要キーワード

コマンド：`route`、`ip`、`netstat`
そ　の　他：ルーティングテーブル、ゲートウェイ、
　　　　　　デフォルトゲートウェイ

❖OpenVPN

ホスト間の通信をネットワーク層あるいはデータリンク層で暗号化しトンネリングすることにより安全な通信路を提供するOpenVPNの基本的な設定を理解します。

重要キーワード

ファイル：`server.conf`、`client.conf`
そ　の　他：CA証明書、CA秘密鍵、サーバ証明書、
　　　　　　クライアント証明書、
　　　　　　サーバポート番号

問題 6-1　重要度 《★★☆》 □ □ □

停止しているインタフェースも含めて表示するifconfigコマンドのオプションはどれですか？　1つ選択してください。

A. -a
B. --all
C. -s
D. --short

《**解説**》ifconfigコマンドはネットワークインタフェースの設定と表示をするコマンドです。停止しているインタフェースを含め、すべてのネットワークインタフェースを表示する場合、-aのオプションを指定します。

主な構文　表示：`ifconfig [-V] [-a] [-s] [インタフェース名]`
　　　　　　設定：`ifconfig インタフェース名 オプション`

オプション

主なオプション	説明
-a	停止しているインタフェースを含め、すべてのインタフェースを表示する
-s	短縮形で表示する
-V	ifconfigコマンドのバージョンを表示する
up	インタフェースを開始する。UPフラグがセットされる
down	インタフェースを停止する。UPフラグはクリアされる

実行例

```
# ifconfig eth0 down        lo（ループバックインタフェース）だけが表示され、
# ifconfig                  eth0は表示されない
lo          Link encap:Local Loopback
            inet addr:127.0.0.1  Mask:255.0.0.0
            inet6 addr: ::1/128 Scope:Host
            UP LOOPBACK RUNNING  MTU:16436  Metric:1        UPフラグは
 ............ （途中省略）...................               立っている

# ifconfig -a              loもeth0も表示される
eth0        Link encap:Ethernet  HWaddr 52:54:00:B2:AA:56   UPフラグは
            BROADCAST MULTICAST  MTU:1500  Metric:1          立っていない
 ............ （途中省略）...................

lo          Link encap:Local Loopback
            inet addr:127.0.0.1  Mask:255.0.0.0
 ............ （以下省略）...................
```

インタフェースのフラグ

主なフラグ	説明
UP	インタフェースが開始している
LOOPBACK	ループバックインタフェースである
BROADCAST	ブロードキャストアドレスが有効である
RUNNING	データリンクのリソースが確保されている
MULTICAST	マルチキャストを受信する

ネットワークインタフェースは1つのインタフェースがカーネル内の1つのnet_device構造体によって管理されます。net_device構造体には設定情報やインタフェースの状態を示すフラッグ、また統計情報が保持されます。統計情報は擬似ファイルシステムである/proc/net/devに配置されます。

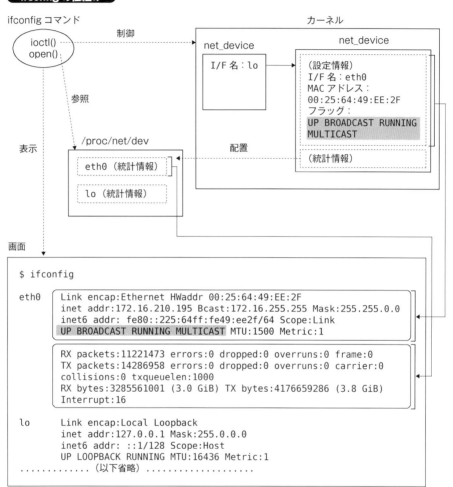

ifconfigコマンドは引数なしで実行すると、/proc/net/devファイルを参照し、かつioctlシステムコールを発行して、すべてのインタフェースの情報を取得します。その中でUPフラッグが立っているインタフェースの情報だけを表示します。
-aオプションが付加された場合は、UPフラッグが立っているか否かにかかわらず、すべてのインタフェースの情報を表示します。

《答え》A

問題 6-2 重要度 《★★★》 □ □ □

停止しているインタフェースも含めてすべてのインタフェースを表示するipコマンドはどれですか？　2つ選択してください。

A. ip link set
B. ip addr add
C. ip link show
D. ip addr show

《解説》 ipコマンドはネットワークインタフェースやルーティングなどの設定と表示をするコマンドです。

ipコマンドでは「ifconfig -a」のように特にオプションを指定しなくとも、停止しているインタフェースも含めてすべてのインタフェースの情報を表示します。

以下は、インタフェースのデータリンク情報、IP情報を表示する構文です。

構文 データリンク情報の表示：`ip link show`
　　　　IP情報の表示：`ip addr show`

実行例

```
# ip link show ──── インタフェースのデータリンク情報を表示する
1: lo: <LOOPBACK,UP,LOWER_UP> mtu 16436 qdisc noqueue state UNKNOWN
    link/loopback 00:00:00:00:00:00 brd 00:00:00:00:00:00
2: eth0: <BROADCAST,MULTICAST,UP,LOWER_UP> mtu 1500 qdisc pfifo_fast state
UP qlen 1000
    link/ether 52:54:00:b2:aa:56 brd ff:ff:ff:ff:ff:ff
    alias eth0:0 ──── インタフェースのIP情報を表示する
# ip addr show
1: lo: <LOOPBACK,UP,LOWER_UP> mtu 16436 qdisc noqueue state UNKNOWN
    link/loopback 00:00:00:00:00:00 brd 00:00:00:00:00:00
    inet 127.0.0.1/8 scope host lo
    inet6 ::1/128 scope host
     valid_lft forever preferred_lft forever
2: eth0: <BROADCAST,MULTICAST,UP,LOWER_UP> mtu 1500 qdisc pfifo_fast state
UP qlen 1000 ──── UPフラグが立っている
    link/ether 52:54:00:b2:aa:56 brd ff:ff:ff:ff:ff:ff
    inet 192.168.122.212/24 brd 192.168.122.255 scope global eth0
    inet6 fe80::5054:ff:feb2:aa56/64 scope link
     valid_lft forever preferred_lft forever ──── eth0を停止する
# ip link set eth0 down
# ip addr show ──── インタフェースのIP情報を表示する
1: lo: <LOOPBACK,UP,LOWER_UP> mtu 16436 qdisc noqueue state UNKNOWN
    link/loopback 00:00:00:00:00:00 brd 00:00:00:00:00:00
    inet 127.0.0.1/8 scope host lo
    inet6 ::1/128 scope host
     valid_lft forever preferred_lft forever
2: eth0: <BROADCAST,MULTICAST> mtu 1500 qdisc pfifo_fast state DOWN qlen
1000 ──── UPフラグが立っていない
    link/ether 52:54:00:b2:aa:56 brd ff:ff:ff:ff:ff:ff
```

144

201試験

有線／無線LANインタフェース、ルーティング、DNS名前解決などのネットワークの設定には、ifconfigやipなどのコマンドおよび設定ファイルの編集による方法と、NetworkManagerによって管理する方法との2通りがあります。NetworkManagerによる管理では、GNOMEのネットワーク設定メニューやパネルのアプレットなどによりGUIを使用して設定し、これをNetworkManagerデーモンが監視／管理します。最近のディストリビューションではNetworkManagerによる管理がデフォルトになっています。システム起動時にNetworkManagerを起動するか否かはchkconfigコマンドで設定ができます。

構文 NetworkManagerを稼働：`chkconfig  NetworkManager on`
NetworkManagerを停止：`chkconfig  NetworkManager off`

NetworkManagerデーモンが稼働している場合は、コマンドおよびファイルの編集による設定はこのデーモンによって変更されることがあるので注意が必要です。

参考

ifconfigコマンドはインタフェースの表示や設定にioctlを利用しますが、ipコマンドはioctlではなくNetlinkを利用します。Netlinkはユーザプロセスがカーネルと通信するための機構です。INETソケットを利用してインタフェースを制御するioctlに比べ、その後継として設計されたNetLinkはNETLINKソケットを利用してより柔軟な制御ができます。

《答え》C、D

問題 6-3　重要度 《★★★》 ： □ □ □

少なくとも1つのIPアドレスを設定してあります。eth0に仮想インタフェースとして2つ目のIPアドレス192.168.1.100を設定するコマンドはどれですか？　2つ選択してください。

A. ifconfig eth0:1 192.168.1.100
B. ifconfig --add-ip 192.168.1.100
C. ifconfig eth0-1 192.168.1.100
D. ifconfig eth0:sub1 192.168.1.100

《解説》別名で仮想インタフェースを設定する時は、物理インタフェース名の後ろに区切り記号の「:」を付け、「:0」「:1」「:sub1」というように数字やアルファベットによる文字あるいは文字列で名前を付けることができます。

割り当てる仮想インタフェースが使用する物理インタフェースにはIPアドレスが割り当てられていなければなりません。

別名インタフェースの統計情報は物理インタフェースに集約されるので、別名インタフェース固有の統計情報はありません。別名インタフェースはifconfigコマンドに

6章 ネットワークの構成

145

downオプションを付けて実行することにより削除されます。
　ネットワークインタフェースに付けられるIPアドレスはnet_device構造体からリンクされるin_ifaddr構造体に格納されます。1つのin_ifaddr構造体には1つのIPアドレスが格納され、複数のIPアドレスが設定された場合はその個数分のin_ifaddr構造体がリンクされます。

別名インタフェースの仕組み

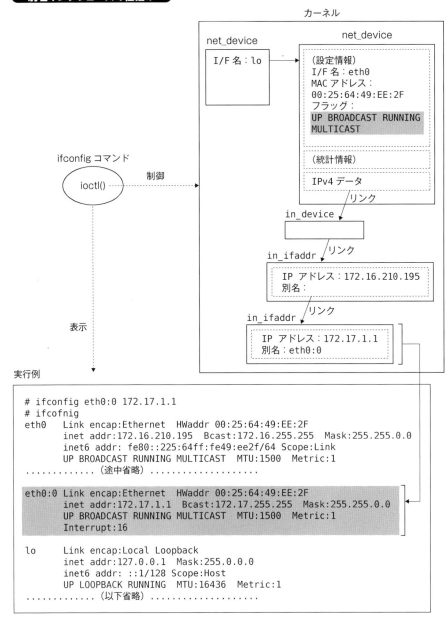

201試験

《答え》A、D

問題 6-4

重要度《★★★》☐☐☐

イーサネットインタフェースeth0に2つ目のIPアドレス172.17.1.1、ネットマスク255.255.0.0を追加して割り当てるにはどのコマンドを実行しますか？ 2つ選択してください。

A. ip link add 172.17.1.1/16 dev eth0 label eth0:0
B. ip link add 172.17.1.1/16 dev eth0:0
C. ip link add 172.17.1.1/16 dev eth0
D. ip addr add 172.17.1.1/16 dev eth0 label eth0:0
E. ip addr add 172.17.1.1/16 dev eth0:0
F. ip addr add 172.17.1.1/16 dev eth0

6章

ネットワークの構成

《解説》ipコマンドでイーサネットインタフェースにIPアドレスを設定あるいは追加するには、「ip addr add」コマンドを実行します。

構文① `ip addr add IPアドレス/プレフィックス dev 物理インタフェース名`
ipコマンドの場合はifconfigコマンドと異なり、別名の指定なしでもIPアドレスを追加できます。

構文② `ip addr add IPアドレス/プレフィックス dev 物理インタフェース名 label 別名`

別名を付ける時は、labelオプションを使用し、引数に別名を指定します。したがって、選択肢Dと選択肢Fが正解です。

構文①と構文②の場合、ブロードキャストアドレスは0.0.0.0に設定されます。ブロードキャストアドレスを、ホスト部オールビット1に設定するにはbroadcastオプションを使用します。

例

```
ip addr add 172.16.1.1/16 broadcast 172.16.255.255 dev eth0
```

147

実行例

```
（別名eth0:0で172.17.1.1を追加、別名なしで172.18.1.1を追加）
# ip addr add 172.17.1.1/16 dev eth0 label eth0:0
# ip addr add 172.18.1.1/16 dev eth0
# ip addr show eth0
2: eth0: <BROADCAST,MULTICAST,UP,LOWER_UP> mtu 1500 qdisc noqueue state UNKNOWN
    link/ether 00:25:64:49:ee:2f brd ff:ff:ff:ff:ff:ff
    inet 172.16.210.195/16 brd 172.16.255.255 scope global eth0
    inet 172.17.1.1/16 scope global eth0:0
    inet 172.18.1.1/16 scope global eth0

（ブロードキャストアドレスを172.17.255.255に指定して、172.17.1.1と172.18.1.1を追加）
# ip addr add 172.17.1.1/16 broadcast 172.17.255.255 dev eth0 label eth0:0
# ip addr add 172.18.1.1/16 broadcast 172.18.255.255 dev eth0
# ip addr show br0
2: eth0: <BROADCAST,MULTICAST,UP,LOWER_UP> mtu 1500 qdisc noqueue state UNKNOWN
    link/ether 00:25:64:49:ee:2f brd ff:ff:ff:ff:ff:ff
    inet 172.16.210.195/16 brd 172.16.255.255 scope global eth0
    inet 172.17.1.1/16 brd 172.17.255.255 scope global eth0:0
    inet 172.18.1.1/16 brd 172.18.255.255 scope global eth0
```

《答え》D、F

問題 6-5　　　　重要度《★★★》 □ □ □

ESSIDや接続品質など、無線LANインタフェース特有の設定と表示をするコマンドはどれですか？　1つ選択してください。

A. ifconfig 　　　　　　　**B.** iwconfig
C. iwgetid 　　　　　　　**D.** ip

《解説》iwconfigコマンドにより、無線LANインタフェースの設定と表示ができます。
ifconfigコマンドおよびipコマンドは、無線LANインタフェースを含めた一般的な設定と表示ができますが、無線LAN特有の設定や表示はできないので、選択肢Aと選択肢Dは誤りです。iwgetidコマンドは無線LANインタフェースのID情報の表示をするコマンドで、設定はできないので、選択肢Cは誤りです。

201試験

実行例

```
$ iwconfig wlan0                    無線LANの規格        ESSID
wlan0     IEEE 802.11bg  ESSID:"Planex_24-E2DB6D"
          Mode:Managed Frequency:2.412 GHz Access Point: 00:22:CF:E2:DB:6D
          Bit Rate=48 Mb/s Tx-Power=20 dBm
          Retry long limit:7 RTS thr:off Fragment thr:off
          Power Management:off
          Link Quality=59/70 Signal level=-51 dBm        接続品質
          Rx invalid nwid:0 Rx invalid crypt:0 Rx invalid frag:0
          Tx excessive retries:29 Invalid misc:341 Missed beacon:0
```

主な無線 LAN 関連コマンド

コマンド	説明	重要度
iwconfig	無線LANインタフェースの設定と表示	★★★
iwlist	アクセスポイントのリストなど、無線LANインタフェースの詳細情報の表示	★★★
iwpriv	無線LANインタフェースの動作パラメータの設定	試験範囲外
iwgetid	無線LANインタフェースのID情報の表示	試験範囲外

無線LANインタフェースは、イーサネットと同じくnet_device構造体で管理される情報に加えて、無線LAN特有のwireless_devなどの構造体によって管理されます。また統計情報も、イーサネットと同じく/proc/net/devに配置される情報に加えて、無線LAN特有の統計情報が/proc/net/wirelessに配置されます。

6章 ネットワークの構成

149

iwconfig の仕組み

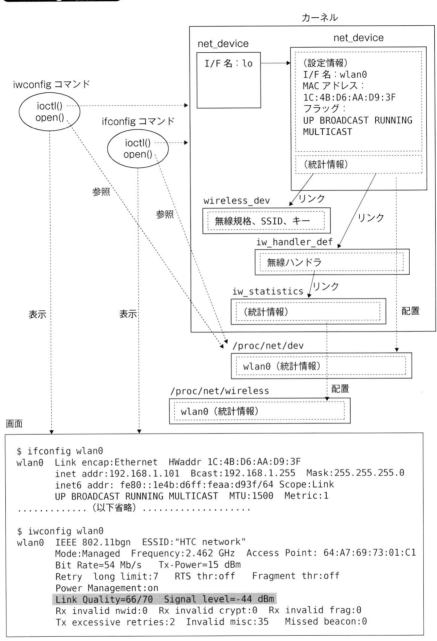

《答え》B

201試験

問題 6-6　　　　　　重要度 《★★★》 : ☐ ☐ ☐

無線LANの接続品質を表示するコマンドはどれですか？　2つ選択してください。

A. iwconfig　　　　　　　　**B.** iwlist

C. iwscan　　　　　　　　　**D.** iwifi

《解説》 iwconfigあるいはiwlistコマンドで無線LANの接続品質を表示できます。

iwlistコマンドでは「iwlist インタフェース名 scanning」を実行すると、アクセスポイントごとの接続品質を表示できます。品質は「Link Quality=65/70 Signal level=-45 dBm」のように表示されます。品質は現品質/最大品質で、受信信号レベルはdBm単位で表示されます。

接続品質の情報は、無線LAN特有の統計情報を保持するファイル/proc/net/wirelessの中に含まれています。

実行例

```
$ iwlist wlan0 scanning
wlan0     Scan completed :
          Cell 01 - Address: 64:A7:69:73:01:C1
                    Channel:11
                    Frequency:2.462 GHz (Channel 11)
                    Quality=65/70  Signal level=-45 dBm    ─── 接続品質の表示
                    Encryption key:on
                    ESSID:"HTC network"
.............（以下省略）.................

$ iwconfig wlan0
wlan0     IEEE 802.11bgn  ESSID:"HTC network"
          Mode:Managed  Frequency:2.462 GHz  Access Point: 64:A7:69:73:01:C1
          Bit Rate=54 Mb/s    Tx-Power=20 dBm
          Retry  long limit:7   RTS thr:off   Fragment thr:off
          Power Management:on
          Link Quality=65/70  Signal level=-45 dBm    ─── 接続品質の表示
.............（以下省略）.................
```

《答え》 A、B

6
章

ネットワークの構成

151

問題 6-7

重要度 《★☆☆》 □ □ □

ネットワーク上にあるホストの、IPアドレスに対応したMACアドレスを取得するプロトコルはどれですか？ 1つ選択してください。

A. ARP
B. RARP
C. ICMP
D. DHCP

《解説》ホストがネットワーク上の別のホストのIPアドレスを指定して通信する時、データリンク層の宛先アドレスとして、相手ホストのMACアドレスを取得する必要があります。このために利用されるプロトコルがARP（Address Resolution Protocol）です。
ARPはブロードキャストによりIPアドレスに対応するMACアドレスを問い合わせ、そのIPアドレスを持つホストがMACアドレスを返すことにより解決します。このようにして取得されたIPアドレスとMACアドレスの対応情報は一定時間メモリにキャッシュされます。情報がキャッシュされている間はARPブロードキャストによる解決の必要がなくなります。

《答え》A

問題 6-8

重要度 《★★★》 □ □ □

ARPキャッシュを表示、設定するコマンドはどれですか？ 1つ選択してください。

A. arp
B. netstat
C. ping
D. ifconfig

《解説》arpコマンドは、ARPキャッシュの表示、エントリの追加と削除を行うコマンドです。

構文① arp ［オプション］
すべてのエントリを表示します。-nオプションを指定した場合は、ホスト名でなくIPアドレスで表示します。

構文② arp -a ［ホスト名|IPアドレス］
指定したホスト名あるいはIPアドレスのエントリを表示します。ホスト名あるいはIPアドレスを指定しなかった場合はすべてのエントリを表示します。

152

201試験

構文③ `arp -d ホスト名|IPアドレス`

指定したホスト名あるいはIPアドレスのエントリを削除します。実行にはroot権限が必要です。

構文④ `arp -f [ファイル名]`

指定したファイルからIPアドレスとMACアドレスのマッピング情報を読み込んでエントリを作成します。実行にはroot権限が必要です。

構文⑤ `arp -s ホスト名|IPアドレス MACアドレス`

IPアドレスとMACアドレスのマッピングを指定してエントリを追加します。実行にはroot権限が必要です。

実行例

```
$ arp
Address          HWtype   HWaddress          Flags Mask    Iface
172.16.0.254     ether    20:cf:30:67:08:be  C             eth0

$ ping -c 1 172.16.210.114
$ arp -n
Address          HWtype   HWaddress          Flags Mask    Iface
172.16.0.254     ether    20:cf:30:67:08:be  C             eth0
172.16.210.114   ether    00:25:64:49:fb:3e  C             eth0
                                                                  エントリが追加されている
$ arp -a 172.16.210.114
lx02.localdomain (172.16.210.114) at 00:25:64:49:fb:3e [ether] on eth0

# arp -d 172.16.210.114             MACアドレスが削除されている
# arp -n
Address          HWtype   HWaddress          Flags Mask    Iface
172.16.210.114            (incomplete)                     br0
172.16.0.254     ether    20:cf:30:67:08:be  C             br0

# arp -s 172.16.210.114 00:25:64:49:fb:3e    エントリが追加されている
# arp -n
Address          HWtype   HWaddress          Flags Mask    Iface
172.16.210.114   ether    00:25:64:49:fb:3e  CM            br0
172.16.0.254     ether    20:cf:30:67:08:be  C             br0
```

あわせてチェック! ------------------------------------

「arp -f」を実行する際、ファイル名を省略した場合は/etc/ethersが使用されるので覚えておきましょう。ファイルの書式は「ホスト名 MACアドレス」です。

/etc/ethers の記述例

```
linux1 00:25:64:49:EE:2F
linux2 00:25:64:49:EF:BC
```

《答え》 A

6章

ネットワークの構成

問題 6-9

重要度 《★★★》 ☐ ☐ ☐

ARPキャッシュを表示するipコマンドをすべて選択してください。

A. ip neigh show   **B.** ip neighbor show

C. ip neigh list   **D.** ip neigh

《解説》ARPキャッシュの表示、管理は「ip neigh」コマンドで行います。キーワード「neigh」は「neighbour」あるいは「neighbor」とフルスペルで指定することもできます。また単に「n」と省略して指定することもできます。

ネームスペースを管理する「ip netns」コマンドもありますが、「n」と一文字を指定した場合は、「neigh」と解釈されるので注意が必要です。

表示の場合は、showあるいはlistを指定します。また、showあるいはlistを省略することもできます。showは「s」、listは「l」と省略して指定することもできます。

次の実行例では、ARPキャッシュを表示しています。

実行例

```
# ip neigh show
172.16.210.56 dev br0 lladdr 00:25:64:49:fb:3e STALE
172.16.0.254 dev br0 lladdr 20:cf:30:67:08:be REACHABLE

（arpコマンド表示。-nはnumeric（数値）での表示オプション）
# arp -n
Address         HWtype  HWaddress          Flags Mask   Iface
172.16.210.56   ether   00:25:64:49:fb:3e  C             br0
172.16.0.254    ether   20:cf:30:67:08:be  C             br0
```

《答え》A、B、C、D

問題 6-10

重要度 《★★★》 ☐ ☐ ☐

ホストをネットワークに接続しました。このホストとローカルホスト間でIPレベルで接続されているかどうかを確認する一般的なコマンドはどれですか？ 1つ選択してください。

A. netstat   **B.** ping

C. ifconfig   **D.** ssh

201試験

《解説》 pingコマンドはICMPプロトコルを使用したパケットをホストに送信し、その応答を調べることにより、IPレベルでのホスト間の接続性をテストします。

構文 `ping [オプション] 送信先ホスト`

オプション

主なオプション	説明
-c 送信パケット個数 （count）	送信するパケットの個数を指定。指定された個数を送信するとpingは終了する。デフォルトでは[Ctrl]＋[C]で終了するまでパケットの送信を続ける
-i 送信間隔（interval）	送信間隔を指定（単位は秒）。デフォルトは1秒

実行例

```
$ ping host01 ─── ①
PING host01 (172.16.0.1) 56(84) bytes of data.
64 bytes from host01 (172.16.0.1): icmp_seq=1 ttl=64 time=1.03 ms
64 bytes from host01 (172.16.0.1): icmp_seq=2 ttl=64 time=0.532 ms
^C
--- host01 ping statistics ---
2 packets transmitted, 2 received, 0% packet loss, time 1552ms
rtt min/avg/max/mdev = 0.532/0.784/1.036/0.252 ms

$ ping -c 1 host01 ─── ②
PING examhost (172.16.0.1) 56(84) bytes of data.
64 bytes from host01 (172.16.0.1): icmp_seq=1 ttl=64 time=0.555 ms

--- host01 ping statistics ---
1 packets transmitted, 1 received, 0% packet loss, time 0ms
rtt min/avg/max/mdev = 0.555/0.555/0.555/0.000 ms

$ ping -c 1 host02 ─── ③
PING 172.16.210.148 (172.16.0.2) 56(84) bytes of data.
From 172.16.210.195 icmp_seq=1 Destination Host Unreachable

--- 172.16.0.2 ping statistics ---
1 packets transmitted, 0 received, +1 errors, 100% packet loss, time 3001ms
```

①「2 packets transmitted, 2 received, 0% packet loss」のメッセージから、2個のパケットに対して応答があり、パケットの喪失（packet loss）はゼロであることがわかります。pingを中止する時は[Ctrl]＋[c]を押します。

②「-c 1」オプションの指定により、パケットを1個だけ送信しています。

③「Destination Host Unreachable」および「100% packet loss」のメッセージから、host02から応答がないことがわかります。

《答え》 B

6章

ネットワークの構成

問題 6-11

重要度 《★★★》 ： □ □ □

pingコマンドを実行したところ、その結果に次のような表示が含まれています。この結果についての説明で適切なものを1つ選択してください。

実行結果

```
icmp_seq=1 ttl=64 time=0.816 ms (DUP!)
```

A. ネットワーク上に同じホスト名を持つホストが複数存在する
B. ネットワーク上に同じIPアドレスを持つホストが複数存在する
C. ネットワーク上に同じMACアドレスを持つホストが複数存在する
D. ブロードキャストあるいはマルチキャストのICMPエコーリクエストに応答するホストが複数存在する

《解説》pingコマンドは、送信した1つのICMPエコーリクエストに対して複数のホストから応答があった場合、2つ目からの応答には (DUP!) を付けて表示します。これは、pingの宛先アドレスを以下のようにブロードキャストアドレスあるいはマルチキャストアドレスを指定して送信した場合に、起きる可能性があります。

●**ブロードキャストでの送信例**：ping -b 172.18.255.255
●**マルチキャストでの送信例**：ping 224.0.0.1

実行例

```
$ ping -b 172.18.255.255
WARNING: pinging broadcast address
PING 172.18.255.255 (172.18.255.255) 56(84) bytes of data.
64 bytes from 172.18.0.15: icmp_seq=1 ttl=255 time=0.670 ms
64 bytes from 172.18.210.44: icmp_seq=1 ttl=64 time=34.5 ms (DUP!)
64 bytes from 172.18.210.96: icmp_seq=1 ttl=64 time=39.0 ms (DUP!)
```

この結果から、ネットワーク172.18.0.0/16上にブロードキャストのICMPエコーリクエストに応答したホストが3台あることがわかります。

Linuxホストの場合、カーネル変数net.ipv4.icmp_echo_ignore_broadcasts (/proc/sys/net/ipv4/icmp_echo_ignore_broadcasts) の値は、Smurf攻撃対策としてデフォルトでは1に設定されており、「ICMP echo request」がブロードキャストの場合は無視して応答(ICMP echo reply)を返しません。この値を0に設定したホストの場合は応答を返すので、複数のホストがあった場合にpingの応答結果に (DUP!) が表示されます。したがって、選択肢Dが正解です。

Smurf攻撃対策については「第2部 202試験」の「第6章 システムセキュリティ」を参照してください。

pingコマンドではIPアドレスの重複を検知することはできません。 ARPブロードキャストに最初に応答したホストのMACアドレスがキャッシュされ、以降のユニキャストではこのMACアドレスが使用されるためです。

参考

IPアドレスの重複を検知するには、ARPリクエストを送信するarpingコマンドを使用します。

構文 `arping [オプション] IPアドレス`

オプション

主なオプション	説明
-b	ブロードキャストだけを送信する。ユニキャストは送信しない
-c count	指定した個数のパケットを送信して終了する
-D	Duplicate Address Detection（DAD）モード。 IPアドレスの重複を検知する
-I interface	ARPリクエストを送信するインタフェースを指定

インタフェースeth0と同じIPアドレス172.16.210.114を持つ他のホストを検知します（実行例①）。

実行例①

```
# arping -D -I eth0 -c 3 172.16.210.114
ARPING 172.16.210.114 from 0.0.0.0 br0
Sent 3 probes (3 broadcast(s))
Received 0 response(s)────────── 重複IPなし

# arping -D -I eth0 -c 3 172.16.210.114
ARPING 172.16.210.114 from 0.0.0.0 br0
Unicast reply from 172.16.210.114 [60:A4:4C:70:01:33] 0.717ms
Sent 1 probes (1 broadcast(s))
Received 1 response(s)────────── 重複IPあり
```

ネットワーク172.16.0.0/16上にIPアドレス172.16.210.114を持つホストを調べます（実行例②）。

実行例②

```
# arping -I eth0 -b -c 1 172.16.210.114
ARPING 172.16.210.114 from 172.16.210.195 br0
Unicast reply from 172.16.210.114 [60:A4:4C:70:01:33] 0.816ms
Unicast reply from 172.16.210.114 [00:25:64:49:FB:3E] 1.205ms
Sent 1 probes (1 broadcast(s))
Received 2 response(s)
```

実行例①と実行例②の結果から、2台のホストが同じIPアドレス172.16.210.114を持っていることがわかります。

参考

マルチキャストアドレスの有効／無効は「ip addr show」コマンドで、表示と設定は「ip maddr」コマンドで行うことができます。
次の実行例では、eth0のマルチキャストの有効を確認し、設定されているマルチキャストアドレスを表示しています。

実行例

```
# ip addr show eth0 |head -1
2: eth0: <BROADCAST,MULTICAST,UP,LOWER_UP> mtu 1500 qdisc noqueue state UNKNOWN
                      └──────── マルチキャストアドレスが有効
# ip maddr show eth0
2:        eth0
          link  01:00:5e:00:00:01 ──── IPv4イーサネットマルチキャストアドレス
          inet  224.0.0.1 ──────────── IPv4マルチキャストアドレス
```

《答え》D

問題 6-12

重要度《★★★》 □ □ □

tcpdumpコマンドを実行したところ次のように表示されました。クライアントが利用したサービスはどれですか？　1つ選択してください。

実行結果

```
23:11:15.020540 IP 172.16.210.221.32839 > 172.16.0.254.53: 49783+ A? www.
lpic.com. (30)
23:11:15.021310 IP 172.16.0.254.53 > 172.16.210.221.32839: 49783 1/2/2 A
209.61.212.79 (129)
```

A. smtp   B. telnet
C. ssh   D. dns

《解説》tcpdumpコマンドはネットワークのトラフィックを標準出力にダンプすることによりモニタするコマンドです。ダンプされたデータの「>」の右側がパケットの送信先でサービスを提供している「ホストのIPアドレス.ポート番号」になります。

問題の実行結果では「172.16.0.254.53」となっています。53番ポートはサービス名domainなので、送信先がDNSのサービスであることがわかります。したがって、選択肢Dのdnsが正解です。

構文 tcpdump [オプション]

158

オプション

主なオプション	説明
-c count	count で指定した個数のパケットを受信したら終了する
-e	データリンク層のプロトコルヘッダの情報を表示する
-i interface	指定したネットワークインタフェースをモニタする
-l	標準出力をバッファリングする
-n	アドレスを変換せずに数値で表示する
-nn	アドレスやポート番号を変換せずに数値で表示する
expression	モニタするパケットを選別する 　プロトコル……ether、ip、arp、tcp、udp、icmp 　送信先/送信元ホスト……hostホスト名

《答え》D

「tcpdump -nli eth0 'icmp'」を実行した結果の表示です。実行したコマンドを記述してください。

実行結果

```
19:06:29.405067 172.16.6.3 > 172.16.6.2: icmp: echo request (DF)
19:06:29.405344 172.16.6.2 > 172.16.6.3: icmp: echo reply
```

《解説》pingコマンドは、icmpプロトコルを使用して、ECHO_REQUESTに対するECHO_REPLYの応答でホストとの疎通を確認します。
　この問題の結果の表示ではicmpプロトコルのECHO_REQUEST（echo request）と、その応答であるECHO_REPLY（echo reply）が表示されているので、pingが正解です。

《答え》ping

すべてのTCPコネクションを表示するにはどうすればよいですか？ 2つ選択してください。

A. netstat -t
B. netstat --tcp
C. netstat tcp
D. netstat -TCP

《解説》netstatコマンドは、TCPとUDPのサービスポートの状態、UNIXドメインソケットの
状態、ルーティング情報などを表示します。

-tオプション、あるいは--tcpオプションを付加することで、確立されたすべてのTCPコ
ネクションを表示できます。

構文 `netstat [オプション]`

オプション

主なオプション	説明
-a、--all	すべてのプロトコル(TCP、UDP、UNIXソケット)を表示。ソケットの接続待ち(LISTEN)を含めすべて表示
-l、--listening	接続待ち(LISTEN)のソケットを表示
-n、--numeric	名前解決をせず、数値で表示
-r、--route	ルーティングテーブルを表示
-s、--statistics	統計情報を表示
-t、--tcp	TCPソケットを表示
-u、--udp	UDPソケットを表示
-x、--unix	UNIXソケットを表示

あわせてチェック!

接続待ち(LISTEN)状態のTCPポートは「netstat -t -l」として表示できるので覚えておいてください。

《答え》A、B

問題 6-15

重要度 《★★★》 ☐☐☐

リモートホストのオープンしているポートを調べるコマンドはどれですか? 1つ選択し
てください。

A. lsof **B.** nmap
C. netstat **D.** fuser

《解説》nmapコマンドにより、ネットワーク上のホストのオープンしているポートを調べて、
その状態を表示することができます。このような機能を持つプログラムをポートスキャ
ナと呼びます。

nmapはOSの種類やバージョンを推測することもできます。

構文 `nmap [オプション] ホスト名|IPアドレス`

160

201試験

オプション

主なオプション	説明
-sT	TCPポートのスキャン。デフォルト
-sU	UDPポートのスキャン。このオプションはroot権限が必要
-p port_ranges	調べるポート範囲の指定(例:-p22; -p1-65535; -p53,123)
-O	OS検出を行う
-T <0-5>	タイミングテンプレートの指定。数値が大きいほど早くなる。 -T3がデフォルト

-Oオプションについては「第2部 202試験」の「第6章 システムセキュリティ」を参照してください。

実行例①では、ホストlx01のTCPポートをスキャンしています。

実行例①

```
# nmap lx01
Starting Nmap 5.51 ( http://nmap.org ) at 2014-12-25 21:59 JST
Nmap scan report for lx01 (172.16.100.1)
Host is up (0.00073s latency).
rDNS record for 172.16.100.1: lx01.localdomain
Not shown: 994 closed ports
PORT     STATE SERVICE
22/tcp   open  ssh
25/tcp   open  smtp
53/tcp   open  domain
80/tcp   open  http           ─── オープンしているポート
143/tcp  open  imap
587/tcp  open  submission
```

スキャンした1000個のTCPポートのうち、 6個がオープンしていることがわかります。

実行例②では、ホストlx02のUDPポート53番と123番を調べています。

実行例②

```
# nmap -sU -p 53,123 lx02

Starting Nmap 5.51 ( http://nmap.org ) at 2014-12-25 19:40 JST
Nmap scan report for lx02 (172.16.210.195)
Host is up (0.000053s latency).
Other addresses for lx02 (not scanned): 172.16.210.195
PORT     STATE   SERVICE
53/udp   closed domain ─── ポート53/udpは閉じている
123/udp  open    ntp ─── ポート123/udpは開いている
```

lsofコマンドとnetstatコマンドは、ローカルホストのポートの情報を表示するコマンドなので誤りです。 fuserコマンドは、ローカルホストのファイルをオープンしているプロセスの情報を表示するコマンドなので誤りです。

あわせてチェック!

-Tオプションは、スキャンの際に許容する遅延時間を設定することで実行速度を上げるオプションです。-T0から-T5まで指定でき、高速化するには-T4あるいは-T5を指定します。数字が大きいほど、許容する遅延時間を短く設定するので実行速度は上がります。

6章
ネットワークの構成

161

《答え》B

問題 6-16　重要度 ★★★

リモートホストwww.mylpic.comのHTTPサービスの動作をテストするために、以下のようにGETリクエストを送信し、サーバからレスポンスを得ました。下線部に入る適切なコマンドはどれですか？　2つ選択してください。

実行例

```
$ _____ www.mylpic.com 80
GET /index.html
<html>
Hello! This is www.mylpic.com.
</html>
```

A. telnet　　　　　　　　　B. ping
C. netstat　　　　　　　　　D. nc

《解説》telnetコマンドおよびncコマンドによりホストとポート番号を指定してリクエストを送ることで、ホストのサービスの動作をテストすることができます。

構文① `telnet ホスト ポート番号`
構文② `nc ホスト ポート番号`

実行例

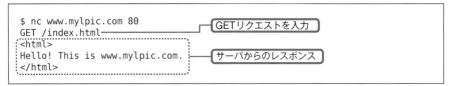

また、ncコマンドは標準入力からだけでなく、次のようにスクリプトファイルを読み込んでサービスをテストすることもできます。

実行例

```
$ vi test-script ──スクリプトファイルの作成
GET /index.html

$ nc www.mylpic.com 80 < test-script ──スクリプトファイルを読み込んでテスト
<html>
Hello! This is www.mylpic.com.
</html>
```

ncコマンドの詳細については「第2部 202試験」の「第6章 システムセキュリティ」を参照してください。なお、telnetコマンドはスクリプトによるテストはできません。

《答え》A、D

問題 6-17　重要度《★★★》

/etc/hosts.denyファイルに172.18.0.0/16のネットワークからのsshコマンドを拒否する設定で正しいのはどれですか？　1つ選択してください。

　　A. sshd: 172.18.0.0/16　　　　B. ssh: 172.18.0.0/255.255.0.0
　　C. sshd: 172.18.　　　　　　　D. 172.18.: sshd

《解説》/etc/hosts.denyファイルはアクセスの拒否（deny）を設定するTCP Wrapperの設定ファイルです。アクセスの許可（allow）は/etc/hosts.allowで設定します。
　TCP Wrapperは各サービスのサーバを包んで（Wrap）、外部から守るデーモンです。/etc/hosts.allowと/etc/hosts.denyを読み、その設定によってアクセスを許可するか拒否するかを決定します。
　この2つのファイルはサービスの実行中に変更しても内容は反映されます。
　TCP Wrapperにはinetdから起動される開発当初からのtcpdデーモンと、シェアードライブラリとして提供され現在広く使われているlibwrapがあり、xinetdはこのlibwrapをリンクしています。
　tcpdを利用する場合はinetd経由で起動されるサーバに対するアクセス制御だけができます。
　libwrapはシェアードライブラリなのでxinetd経由で起動されるサーバだけでなく、libwrapをリンクしたサーバで利用できます。

▎TCP Wrapperの概要

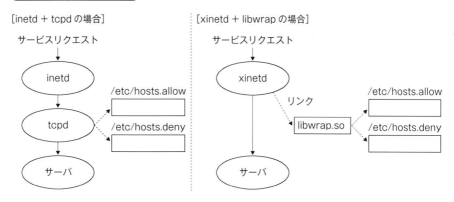

/etc/hosts.allowと/etc/hosts.denyを使用したアクセス制御は以下のとおりです。
- ●/etc/hosts.allow に記述されたホストを許可する
- ●/etc/hosts.deny に記述されたホストを拒否する
- ●どちらにも記述されていないホストを許可する

/etc/hosts.allowと/etc/hosts.denyのファイルの書式は次のようになります。

書式 デーモンリスト ： クライアントリスト

デーモンリストにはサービスを提供するデーモン名を1つ、あるいは複数のデーモン名を空白文字で区切って指定します。
クライアントリストには以下の表の書式でクライアントのアドレスパターンを1つ、あるいは複数のアドレスパターンを空白文字で区切って指定します。
クライアントリストに記述できる主なアドレスパターンは次のようになります。

アドレスパターン

主な指定方法	説明	例
ホスト名	ホスト名を指定	examhost.mylpic.com
ドメイン名	.で始まる文字列を指定	.mylpic.com
ホストアドレス	IPアドレスをn.n.n.nのフォームで指定	172.16.0.1
ネットワークアドレス(1)	IPアドレスをn.n.のように.で終わるフォームで指定	172.16.
ネットワークアドレス(2)	ネットワーク/マスクをn.n.n.n/m.m.m.mのフォームで指定	172.16.0.0/255.255.0.0

書式とアドレスパターンに合致した選択肢Cが正解です。
選択肢Aはクライアントリストにマスク値(/255.255.0.0)ではなくプレフィックスマスク(/16)を使用しているので誤りです。選択肢Bはデーモンリストがデーモン名(sshd)でなくサービス名(ssh)となっているので誤りです。選択肢Dは書式が誤っています。

参考

以下は、telnetサービスだけを許可する基本的な設定例です。
デーモンリストとクライアントリストでは「ALL」というワイルドカードが使えます。「ALL」はすべてに一致します。

設定例

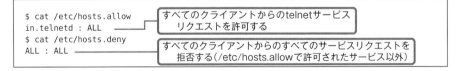

《答え》C

201試験

問題 6-18

重要度 《★★★》 : ☐ ☐ ☐

/etc/hosts.allowでネットワーク172.16.0.0/16からsshdへのアクセスを許可したい
と思います。正しい記述はどれですか？　2つ選択してください。

A. sshd:172.16
B. sshd:172.16.
C. sshd:172.16.0.0
D. sshd:172.16.0.0/16
E. sshd:172.16.0.0/255.255.0.0

《解説》ネットワークアドレスの指定パターンに合致している選択肢Bと選択肢Eが正解です。
問題6-17の解説の「アドレスパターン」の表を参照してください。

《答え》B、E

問題 6-19

重要度 《★★☆》 : ☐ ☐ ☐

ルーティングテーブルが表示している状態を説明しているのはどれですか？　1つ選択し
てください。

表示例

```
Destination    Gateway        Genmask        Flags Metric Ref  Use Iface
192.168.0.1    -              255.255.255.0  !H    0      0      0 -
192.168.0.0    *              255.255.255.0  U     0      0      0 eth0
169.254.0.0    *              255.255.0.0    U     0      0      0 lo
0.0.0.0        192.168.0.254  255.255.255.0  U     0      0      0 eth0
```

A. iptablesでホスト192.168.0.1にフィルタリングしている
B. ホスト192.168.0.1への経路を拒否する
C. ホスト192.168.0.1はダウンしている
D. ホスト192.168.0.1のGatewayは設定されていない

《解説》この問題の表示結果では、1行目のエントリにフラッグが!Hとなっているので、ホスト
192.168.0.1への経路を拒否する設定となっています。

6 章
ネットワークの構成

165

ルーティングテーブルのフィールド

フィールド名	説明
Destination	宛先ネットワークまたは宛先ホスト
Gateway	ゲートウェイ(ルータ)。直結されたネットワークでゲートウェイなしの場合は0.0.0.0(または「*」と表示)
Genmask	宛先ネットワークのネットマスク。デフォルトルートの場合は0.0.0.0(または「*」と表示)
Flags	主なフラグは以下のとおり U：経路は有効(Up)、 H：宛先はホスト(Host)、 G：ゲートウェイ(Gateway)を通る、！：経路を拒否(Reject)
Metric	宛先までの距離。通常はホップカウント(経由するルータの数)
Ref	この経路の参照数(Linuxカーネルでは使用しない)
Use	この経路の参照回数
Iface	この経路で使用するネットワークI/F

以下の例では、routeコマンドにrejectオプションを付けて実行し、宛先ホスト172.16.33.250への経路を拒否する設定をしています。

実行例

```
# route add -host 172.16.33.250 reject
# route
Destination     Gateway     Genmask         Flags Metric Ref   Use Iface
172.16.33.250   -           255.255.255.255 !H    0      -     0   -
```

あわせてチェック!

ルーティングテーブルは、「route」コマンド、「netstat -r」コマンド、「ip route」コマンドで表示できます。

《答え》B

201試験

問題 6-20

重要度 《★★★》 ☐ ☐ ☐

192.168.1.0のルーティングテーブルエントリを削除するコマンドはどれですか？
1つ選択してください。

表示例

```
Destination   Gateway         Genmask         Flags MSS Window irtt Iface
192.168.0.0   *               255.255.255.0   U       0 0         0  eth0
192.168.1.0   192.168.0.253   255.255.255.0   U       0 0         0  eth0
169.254.0.0   *               255.255.0.0     U       0 0         0  lo
0.0.0.0       192.168.0.254   255.255.255.0   U       0 0         0  eth0
```

A. route del -host 192.168.1.0

B. route delete -host 192.168.1.0

C. route add -net 192.168.1.0 netmask 255.255.255.0 gw 192.168.0.253
   eth0

D. route del -net 192.168.1.0 netmask 255.255.255.0 gw 192.168.0.253
   eth0

6章 ネットワークの構成

《解説》ルーティングテーブルエントリを削除する構文は次のようになります。

構文 route del [-net | -host] 宛先 gw ゲートウェイ ［インタフェース名］
削除には、delオプションを指定し、Destination（宛先）がネットワークの場合は-net
を、ホストの場合は-hostを指定します。宛先には、「IPアドレス netmask ネットマス
ク」あるいは、「IPアドレス/プレフィックス」のいずれかを指定します。-hostを指定し
た場合は、プレフィックスあるいはnetmaskの指定は省略できます。ゲートウェイの
あるネットワークに接続しているインタフェースが1つだけの場合はインタフェース名
を省略できます。

《答え》D

167

問題 6-21　重要度《★★★》　□ □ □

192.168.0.0のネットワークにデフォルトルータがあります。
ホスト172.168.0.5で192.168.1.0のネットワークを宛先とするパケットを、デフォルトルータ192.168.0.2へルーティングする書き方はどれですか？　1つ選択してください。

A. route add -net 192.168.0.0/24 gw 192.168.0.2
B. route add -net 192.168.0.0/24 default gw 192.168.0.2
C. route add -net 192.168.1.0/24 gw 192.168.0.2
D. route add -net 192.168.1.0/24 default 192.168.0.2

《解説》ルーティングテーブルにエントリを追加する場合の構文は次のようになります。

　構文 `route add [-net |-host] 宛先 gw ゲートウェイ [インタフェース]`
追加には、addオプションを指定します。その他のオプションは、問題6-20を参照してください。

《答え》C

問題 6-22　重要度《★★★》　□ □ □

10.0.0.0/16のネットワーク内に10.0.0.254のルータがあり、他のネットワークに接続しています。このルータをデフォルトゲートウェイとして設定するコマンドを記述してください。
なお設定するネットワークインタフェースはeth1とします。

《解説》デフォルトゲートウェイを使用する場合の構文は次のようになります。

　構文 `route add default gw デフォルトゲートウェイ [インタフェース名]`
デフォルトゲートウェイのあるネットワークに接続しているインタフェースが1つだけの場合はインタフェース名は省略できます。
この問題の場合は指定されたインタフェースeth1を使用します。

《答え》route add default gw 10.0.0.254 eth1

168

201試験

問題 6-23

重要度 《★★★》 : □ □ □

ルーティングテーブルを表示するipコマンドはどれですか？　3つ選択してください。

A. ip route list
B. ip route disp
C. ip route show
D. ip route

《解説》ipコマンドは、ネットワークインタフェース、ルーティング、ARPキャッシュ、ネットワークネームスペースなどの設定と表示をするコマンドです。ifconfigに代わるコマンドで、多様な機能を持ちます。ifconfigはカーネルとの通信に「INETソケット＋ioctl」を利用しますが、ipコマンドはioctlの後継として開発されたNETLINKソケットを利用します。

ルーティングの設定と表示は「ip route」で行います。キーワードの「route」は単に「r」と省略して指定することもできます。ルーティングテーブルの表示は「ip route list」、「ip route show」、「ip route」で行うことができます。

次の実行例は、IPアドレスが172.16.210.195のホスト上で実行しています。デフォルトルータは172.16.0.254です。

実行例

```
# ip route
172.16.0.0/16 dev br0 proto kernel scope link src 172.16.210.195
default via 172.16.0.254 dev br0

# ip r
172.16.0.0/16 dev br0 proto kernel scope link src 172.16.210.195
default via 172.16.0.254 dev br0

（routeコマンドで表示。-nはnumeric（数値）での表示オプション）
# route -n
Destination     Gateway        Genmask         Flags Metric Ref   Use Iface
172.16.0.0      0.0.0.0        255.255.0.0     U     0      0     0   br0
0.0.0.0         172.16.0.254   0.0.0.0         UG    0      0     0   br0
```

dispというキーワードはないので、選択肢Bは誤りです。

《答え》A、C、D

6 章
ネットワークの構成

169

問題 6-24

重要度 《★★★》

新規にルーティングエントリを追加するipコマンドはどれですか？ 2つ選択してください。

A. ip route add 10.0.1.0/24 gw 172.16.255.254
B. ip route add 10.0.1.0/24 via 172.16.255.254
C. ip route add via 172.16.255.254 10.0.1.0/24
D. ip route add gw 172.16.255.254 10.0.1.0/24

《解説》ルーティングエントリの追加は「ip route add」で行います。ルータはviaの引数で指定します。次の実行例では、10.0.1.0/24へのルートを追加しています。ルータは172.16.255.254です。

実行例

```
# ip route add 10.0.1.0/24 via 172.16.255.254
  または
# ip route add via 172.16.255.254 10.0.1.0/24
```

ルータの指定はgwではなくviaでするので、選択肢Aと選択肢Dは誤りです。

《答え》B、C

問題 6-25

重要度 《★★★》

ルーティングエントリを削除するipコマンドはどれですか？ 2つ選択してください。

A. ip route del 10.0.1.0/24 via 172.16.255.254
B. ip route del via 172.16.255.254 10.0.1.0/24
C. ip route remove 10.0.1.0/24 via 172.16.255.254
D. ip route remove via 172.16.255.254 10.0.1.0/24

《解説》ルーティングエントリの削除は「ip route del」で行います。次の例では、10.0.1.0/24へのルートを削除しています。

201試験

実行例

```
# ip route del 10.0.1.0/24 via 172.16.255.254
  または
# ip route del via 172.16.255.254 10.0.1.0/24
  または
# ip route del 10.0.1.0/24
```

removeというキーワードはないので選択肢Cと選択肢Dは誤りです。

《答え》A、B

問題 6-26

重要度 《★★★》 ☐ ☐ ☐

6章

ネットワークの構成

デフォルトルートを設定するipコマンドはどれですか？ 2つ選択してください。

- **A.** ip route default via 172.16.0.254
- **B.** ip route via 172.16.0.254
- **C.** ip route add default via 172.16.0.254
- **D.** ip route add via 172.16.0.254

《解説》デフォルトルートの設定は「ip route add default via」コマンドで行います。また「ip route add via」としてルーティングの宛先を指定しないとデフォルトルートになります。次の実行例では、172.16.0.254をデフォルトルータに設定しています。

実行例

```
# ip route
172.16.0.0/16 dev br0 proto kernel scope link src 172.16.210.195

# ip route add default via 172.16.0.254
# ip route
172.16.0.0/16 dev br0 proto kernel scope link src 172.16.210.195
default via 172.16.0.254 dev br0 ──┐ 追加されている
```

選択肢Aと選択肢Bはキーワードaddがないので誤りです。

《答え》C、D

問題 6-27 重要度 《★★★》 □□□

デフォルトルートを削除するipコマンドはどれですか？ 2つ選択してください。

A. ip route del default via 172.16.255.254
B. ip route del default
C. ip route remove default via 172.16.255.254
D. ip route remove default

《解説》デフォルトルートの削除は「ip route del default」で行います。また「ip route del via」としてdefaultを指定せずにデフォルトルータを指定しても削除できます。

次の実行例では、IPアドレスが172.16.210.195のホスト上でデフォルトルートを削除しています。

実行例

```
# ip route
172.16.0.0/16 dev br0 proto kernel scope link src 172.16.210.195
default via 172.16.255.254 dev br0

# ip route del default
  または
# ip route del default via 172.16.255.254
  または
# ip route del via 172.16.255.254
```

removeというキーワードはないので選択肢Cと選択肢Dは誤りです。

《答え》A、B

問題 6-28 重要度 《★★☆》 □□□

tracerouteコマンドが使うプロトコルはどれですか？ 2つ選択してください。

A. ICMP   **B.** TCP
C. UDP   **D.** HTTP

《解説》tracerouteコマンドによる送信パケットにはデフォルトではUDPが使用されます。 -Iオプションを付けるとこれをICMPにできます。 -Iオプションを付けて実行するには

172

201試験

root権限が必要です。

応答はいずれもICMPのエラーパケットとして返されます。

次の実行例では最終的な宛先であるwww.google.co.jpに到達するまでに1～11の
ルータを経由しています。到達先のwww.google.co.jpのアドレスがtracerouteコ
マンドの実行のたびに異なるのは、DNSラウンドロビンによる負荷分散が行われて
いるためです。

実行例

```
$ traceroute www.google.co.jp ──┤ デフォルトのUDPパケットで送信
traceroute to www.google.co.jp (173.194.38.87), 30 hops max, 60 byte
packets
 1  router.mydomain (172.16.0.254)  0.218 ms  0.196 ms  0.177 ms
 2  fr.knowd.co.jp (202.61.27.193)  0.665 ms  0.745 ms  0.735 ms
............. (途中省略) ....................
11  209.85.251.237 (209.85.251.237)  6.719 ms  6.697 ms  7.112 ms
12  nrt19s17-in-f23.1e100.net (173.194.38.87)  6.585 ms  6.467 ms  5.377 ms

# traceroute -I www.google.co.jp ──┤ -Iオプションを付けてICMPパケットで送信
traceroute to www.google.co.jp (173.194.38.95), 30 hops max, 60 byte
packets
 1  router.mydomain (172.16.0.254)  0.196 ms  0.208 ms  0.207 ms
 2  fr.knowd.co.jp (202.61.27.193)  0.687 ms  0.689 ms  0.752 ms
............. (途中省略) ....................
11  209.85.251.237 (209.85.251.237)  5.632 ms  6.286 ms  6.505 ms
12  nrt19s17-in-f31.1e100.net (173.194.38.95)  5.246 ms  5.291 ms  5.284 ms
```

《答え》A、C

問題 6-29 重要度《★★★》 □ □ □

IPアドレスが192.168.1.254のDNSサーバがあります。クライアントが利用するため
にすることは何ですか？ 2つ選択してください。

A. /etc/resolv.confに「nameserver 192.168.1.254」を追加する
B. /etc/hostsに「192.168.1.254」を追加する
C. /etc/named.confに「192.168.1.254」を追加する
D. /etc/nsswitch.confの「hosts:」のエントリに「dns」を追加する

《解説》DNSサービスを利用するためには、/etc/nsswitch.confファイルの「hosts:」エントリ
にdnsを含めます。また、問い合わせるDNSサーバのIPアドレスを/etc/resolv.conf
ファイルで指定します。

以下はDNSサービスを利用する場合の設定例です。

6章
ネットワークの構成

173

/etc/nsswitch.conf と /etc/resolv.conf の例

```
$ grep ^hosts /etc/nsswitch.conf
hosts:          files dns
$ grep nameserver /etc/resolv.conf
nameserver 127.0.0.1
```

《答え》A、D

問題 6-30　重要度《★★☆》

DNSを参照して名前解決を行うコマンドはどれですか？　2つ選択してください。

A. dhclient
B. dig
C. host
D. hostname

《解説》DNSを参照して名前解決を行うコマンドには、digコマンドとhostコマンドがあります。

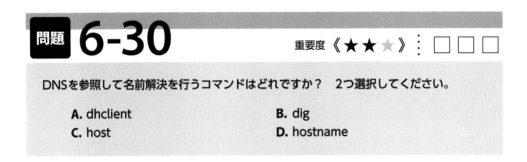

dig コマンドの実行例

このように、digコマンドは問い合わせに対して返された詳細情報と応答時間などの情報を表示します。DNSのデバッグやトラブルシューティングで使用することができます。

host コマンドの実行例

```
$ host www.lpi.org ──────[正引き（ホスト名に対応するIPアドレスの問い合わせ）]
www.lpi.org has address 69.90.69.231

$ host 69.90.69.231──────[逆引き（IPアドレスに対応するホスト名の問い合わせ）]
231.69.90.69.in-addr.arpa domain name pointer www.lpi.org.
```

このように、hostコマンドは単にホスト名やIPアドレスを調べる時に使いやすいコマンドです。hostコマンドでも-dオプションを使用することで、詳細情報と応答時間を計測できます。

digコマンドとhostコマンドの詳細については、「第2部 202試験」の「第1章 ドメインネームサーバ」を参照してください。

dhclientコマンドはDHCPサーバを参照してIPアドレスやネットワーク情報を設定するコマンドです。DNSを参照することはないので選択肢Aは誤りです。

hostnameコマンドはホスト名の設定と表示をするコマンドです。システム起動時にhostnameコマンドが実行され、設定ファイルから読み込まれたホスト名はカーネル内の変数kernel.hostnameに保存されます。ホスト名を格納している設定ファイルはディストリビューションやバージョンにより異なり、/etc/sysconfig/network、/etc/hostname、/etc/HOSTNAMEなどがあります。また、hostnameコマンドを引数なしに実行するとカーネルに保持されているホスト名を表示します。DNSを参照することはないので選択肢Dは誤りです。

《答え》B、C

201試験

7章

システムの保守

本章のポイント

❖アプリケーションソースのコンパイル

configureスクリプト、makeコマンド、make
のターゲットなど、アプリケーションソースをコ
ンパイルしてインストールする手順について理解
します。

重要キーワード

ファイル：GNUmakefile、makefile、
　　　　　Makefile
コマンド：configure、make
そ　の　他：makeのターゲット

❖ファイルシステムのバックアップ

ファイルシステムはハードディスクの障害や操作
ミス、あるいは災害により損傷することがあり
得ます。このような場合のためにテープなどのメ
ディアにバックアップを取っておく必要がありま
す。
ファイルシステム単位およびファイル単位での
バックアップ方法と、それを戻す方法を理解し
ます。

重要キーワード

ファイル：/etc/dumpdates
コマンド：tar、rsync、dump、restore
そ　の　他：バックアップツール、
　　　　　完全バックアップ、増分バックアップ、
　　　　　差分バックアップ

❖ユーザへの通知

システムの起動が完了すると、ログイン画面あ
るいはログインプロンプトが表示されてユーザ
がシステムにログインできる状態になります。
ログイン前あるいはログイン後にユーザの画面
に表示される、ユーザに対する通知のためのファ
イルについて理解します。

重要キーワード

ファイル：/etc/issue、/etc/issue.net、
　　　　　/etc/motd

❖ディスクの保守

ハードディスクドライブに組み込まれている
SMART機能を監視するsmartdの仕組みを理
解します。

重要キーワード

コマンド：smartd

| 問題 | **7-1** | 重要度 《 ★ ☆ ☆ 》 ┊ □ □ □ |

Linuxアプリケーションソースのダウンロードについての説明で正しいものはどれですか？　4つ選択してください。

A. アプリケーションソースは開発元などのサイトにtar.gzやtar.bz2などの形式で公開されているので、それをダウンロードする

B. 主要なアプリケーションのソースはLinux Foundationのサイトlinux foundation.orgにcpio形式で公開されているので、それをダウンロードする

C. RedHat系のソースはディストリビューションのサイトやミラーサイトからRPMパッケージをダウンロードできる

D. RedHat系のソースは「yumdownloader --source パッケージ名」コマンドの実行によりダウンロードできる

E. Debian系のソースは「apt-get source パッケージ名」コマンドの実行によりダウンロードできる

《解説》 Linuxでは、ディストリビューションで提供されていないアプリケーションであっても、ソースコードが入手できればコンパイルして使うことができます。

また、パッケージとして提供されていない最新版をコンパイルして試すこともできます。ソースコードからプログラムの詳細を調べたり、変更を加えたり、プログラム内の不具合を修正したりもできます。このようなことができるのがオープンソースの長所といえます。

アプリケーションのソースを入手するには、選択肢Aのように開発元のサイトからダウンロードする方法や、選択肢C、D、Eのようにディストリビューションのパッケージのソースをダウンロードする方法があります。

Linux FoundationはLinuxの普及、保護、標準化を進めるための団体なのでアプリケーションのソースを管理し公開することはしていません（ごく一部のソフトウェアのみ、ダウンロードできるものがあります）。したがって、選択肢Bは誤りです。

参考

以下、コマンドラインベースの計算ツールであるbcコマンドを例にとって、そのソースコードをダウンロードする方法を紹介します。

開発元の GNU のサイトからダウンロードする例

```
$ wget ftp.gnu.org/gnu/bc/bc-1.06.tar.gz
```

wget コマンドで Scientific Linux6.1 のソースパッケージをダウンロードする例

```
$ wget ftp.riken.jp/Linux/scientific/6.1/SRPMS/vendor/bc-1.06.95-1.el6.src.rpm
```

201試験

> **yumdownloader コマンドで Scientific Linux のソースパッケージをダウンロードする例**

```
$ yumdownloader --enablerepo=sl-source --source bc
```

上記は、デフォルトではenableになっていないソースリポジトリsl-sourceを「--enablerepo=sl-source」オプションでenableにして実行します。

> **Debian 系のディストリビューションでソースをダウンロードする例**

```
$ apt-get source bc
```

《答え》 A、C、D、E

問題 7-2　　　　　　　　重要度 《★ ☆ ☆》 ⋮ □ □ □

7 章
システムの保守

アプリケーションソースの解凍と展開についての説明で正しいものはどれですか？　3つ選択してください。

　A. アプリケーションソースを置く標準的なディレクトリは/usr/srcと/usr/local/srcである

　B. アプリケーション名.tar.gz形式のソースは「tar xvf アプリケーション名.tar.gz」コマンドで解凍、展開できる

　C. アプリケーション名.tar.bz2形式のソースは「bunzip2 -c アプリケーション名.tar.bz2 | tar xvf -」コマンドで解凍、展開できる

　D. アプリケーション名.tar.gzおよびアプリケーション名.tar.bz2形式のソースは「cpio -il」コマンドで解凍、展開できる

《解説》 ファイルシステムディレクトリ階層の標準を定めているFHS (Filesystem Hierarchy Standard) では、オプショナルな指定として、アプリケーションソースを置くディレクトリを/usr/srcと/usr/local/srcとしています。FHSではこのディレクトリは参照用に使い、コンパイル作業は別のディレクトリで行うことを推奨しています。

アプリケーション名.tar.gz形式のソースを解凍・展開する主な方法として、次のものがあります。

①tar xvf アプリケーション名.tar.gz
tarコマンドは圧縮形式を自動判定して解凍・展開するので、gzip形式を解凍するzオプションを指定しなくてもできます。

179

②tar zxvf アプリケーション名.tar.gz

tarコマンドにgzip形式を解凍するzオプションを付けて、解凍・展開します。

③gunzip -c アプリケーション名.tar.gz | tar xvf -

gunzipコマンドはgzip形式を解凍します。

解凍したデータを-cオプションの指定により標準出力に出力し、パイプを介してtarコマンドに渡します。

④gzip -dc アプリケーション名.tar.gz | tar xvf -

圧縮コマンドgzipに-d（decompress）オプションを付けても解凍できます。

アプリケーション名.tar.bz2形式のソースを解凍・展開する主な方法として、次のものがあります。

①tar xvf アプリケーション名.tar.bz2

tarコマンドは圧縮形式を自動判定して解凍・展開するので、bzip2形式を解凍するjオプションを指定しなくてもできます。

②tar jxvf アプリケーション名.tar.bz2

tarコマンドにbzip2形式を解凍するjオプションを付けて、解凍・展開します。

③bunzip2 -c アプリケーション名.tar.bz2 | tar xvf -

bunzip2コマンドはbzip2形式を解凍します。

解凍したデータを-cオプションの指定により標準出力に出力し、パイプを介してtarコマンドに渡します。

④bzip2 -dc アプリケーション名.tar.bz2 | tar xvf -

圧縮コマンドbzip2に-d（decompress）オプションを付けても解凍できます。

《答え》A、B、C

問題 7-3　重要度《★★★》：□□□

ユーザyukoがbcコマンドのソースbc-1.06.tar.gzを、GNUのサイトから自分のホームディレクトリの下にダウンロードしました。これをコンパイルしてインストールする正しい手順はどれですか？　1つ選択してください。

A. tar zxvf bc-1.06.tar.gz; cd bc-1.06;make;su;make install;./configure

B. tar zxvf bc-1.06.tar.gz; cd bc-1.06;make;make install;./configure

C. tar xvf bc-1.06.tar.gz; cd bc-1.06;./configure;make;su;make install

D. tar xvf bc-1.06.tar.gz; cd bc-1.06;./configure;make;make install

201試験

《解説》bc-1.06.tar.gzを「tar xvf bc-1.06.tar.gz」として実行するとbc-1.06ディレクトリが
作成され、その下にソースファイルが配置されます。
　ソースを展開したディレクトリに移動した後、コンパイル、インストールする手順は次
のようになります。

コンパイル・インストールの手順

実行順	コマンド	説明
1	$ ./configure	システムに適合したMakefileを生成する
2	$ make	./configureにより生成されたMakefileを参照してコンパイルする
3	$ su	インストールする権限を取得するためにrootユーザになる
4	# make install	コンパイルしたアプリケーションをインストールする。デフォルトのインストールディレクトリは/usr/localであり、コマンドは/usr/local/binにインストールされる

《答え》C

7
章
システムの保守

問題 7-4

重要度 《★★★》 ： □ □ □

ソースからプログラムをインストールする時にインストール先のディレクトリを決定す
るなど、システム固有の情報を追加するコマンドはどれですか？　1つ選択してください。

A. ./make
B. ./install
C. ./makefile
D. ./configure

《解説》configureコマンドはMakefileの雛形であるMakefile.inからMakefileを生成するシェ
ルスクリプトです。Makefileはソースプログラムをコンパイルする手順や、生成され
たバイナリプログラムをインストールする手順が書かれたファイルで、configureコマ
ンドの次に実行するmakeコマンドが参照します。Makefileの記述については問題7-6
を参照してください。
　configure、Makefile.inはソースを展開したトップディレクトリに置かれています。
configureコマンドによってMakefileも同じディレクトリの下に作られ、アプリケー
ションによってはサブディレクトリの下にも作られます。

　bc-1.06のソースを展開すると、次の例のようになります。

181

bc-1.06 のソースの展開例

```
$ tar xvf bc-1.06.tar.gz
$ cd bc-1.06
$ ls -F
AUTHORS       FAQ          README       config.h.in   h/            stamp-h.in
COPYING       INSTALL      Test/        configure*    install-sh*
COPYING.LIB   Makefile.am  acconfig.h   configure.in  lib/
ChangeLog     Makefile.in  aclocal.m4   dc/           missing*
Examples/     NEWS         bc/          doc/          mkinstalldirs*
```

以下は上記ディレクトリの下で./configureコマンドを実行した例です。
システムのインストールプログラム、コンパイラ、ヘッダファイルなどをチェックし、
システムに適合したMakefileを生成します。

./configure コマンドの実行例の抜粋

```
$ ./configure
creating cache ./config.cache
checking for a BSD compatible install... /usr/bin/install -c ──── ┐インストールプログラムの
checking whether build environment is sane... yes                  チェック
checking whether make sets ${MAKE}... yes
........... (途中省略) .............
checking for gcc... gcc ──────────────────────── Cコンパイラのチェック
checking whether the C compiler (gcc  ) works... yes
checking whether the C compiler (gcc  ) is a cross-compiler... no
checking whether we are using GNU C... yes
checking whether gcc accepts -g... yes
checking how to run the C preprocessor... gcc -E
........... (途中省略) .............
creating Makefile ──────────────── Makefileの生成。Makefileは各サブ
creating bc/Makefile                ディレクトリの下にも生成される
creating dc/Makefile
creating doc/Makefile
creating lib/Makefile
creating config.h
```

上記の例ではconfigureコマンドを引数なしで実行しています。引数を指定しない場合、
デフォルトのインストールディレクトリは/usr/localになります。

次の例のように、引数を指定してインストールディレクトリを変更することもできます。
以下の例は/optに変更しています。

実行例

```
$ ./configure --prefix=/opt
```

指定できるconfigureの引数はアプリケーションによって異なり、様々な機能追加を指
定できる場合もあります。
次の表は、bcコマンドのソースでconfigureコマンドを引数なしで実行した場合、
Makefile.inから生成されたMakefileの内容です。
Makefile.inの中の@で囲まれた部分がconfigureスクリプトによって、システムに合っ
た適切な値に置き換えられてMakefileが生成されます。

201試験

Makefile.in と Makefile

Makefile.in	Makefile	説明
prefix = @prefix@	prefix = /usr/local	プレフィックスの指定
exec_prefix = @exec_prefix@	exec_prefix = ${prefix}	インストールディレクトリの指定(プレフィックスの値と同じ)
bindir = @bindir@	bindir = ${exec_prefix}/bin	コマンドを置くディレクトリの指定
mandir = @mandir@	mandir = ${prefix}/share/man	オンラインマニュアルを置くディレクトリの指定
INSTALL = @INSTALL@	INSTALL = /usr/bin/install -c	インストールプログラムの指定
CC = @CC@	CC = gcc	Cコンパイラの指定

参考

オープンソースのプログラム開発にはGNUプロジェクトで開発された以下のツールが広く使われています。

●**gzip、gunzip、bzip2、bunzip2**
圧縮解凍ツールです。問題7-2の解説を参照してください。

●**automake**
Makefile.amからMakefile.inを生成するperlスクリプトです。サフィックスの.amはautomake、.inはinitの意味です。

●**autoconf**
configure.inからconfigureを生成するシェルスクリプトです。システムの情報として/usr/share/autoconf以下のファイルを参照します。

●**make、gmake**
Makefileを参照してターゲットを生成します。gmakeはmakeにリンクされています(逆の場合もあります)。問題7-6の解説を参照してください。

●**gcc、cc**
Cコンパイラです。ccはgccにリンクされています(逆の場合もあります)。

あわせてチェック!

ダウンロードしたアプリケーションソースによっては、configureスクリプトやMakefile.inファイルがなく、Makefileが既に用意されている場合もあります。この場合はすぐにmakeコマンドを実行してソースをコンパイルできます。

《答え》D

問題 7-5

重要度 《★★☆》

アプリケーションソースを展開した後のconfigureコマンドの実行によって、Makefile.inファイルを基に、コンパイラのパスやアプリケーションのインストールディレクトリなどのシステムの環境に合わせて生成されるファイルの名前を記述してください。

7章
システムの保守

183

《解説》 configureコマンドを実行すると、Makefile.inファイルを基にシステムに適合したMakefileが生成されます。

《答え》 Makefile

問題 7-6

重要度《★★☆》 □□□

一般的に引数なしのmakeコマンドで生成されるターゲットはどれですか？　1つ選択してください。

A. all　　**B.** install
C. compile　　**D.** depend

《解説》 makeコマンドはソースプログラムからバイナリプログラムを生成するツールです。プログラムの生成だけでなく、データファイルから別のデータファイルを生成する場合に使用することもできます。

GNUのmakeコマンドはカレントディレクトリ下のGNUmakefile、makefile、Makefileを順に探して、最初に見つけたファイルを参照してプログラムを生成します。ファイル名としてはMakefileが最も広く使われています。オープンソースのアプリケーションでも同様です。また-fオプションで参照するファイルを指定することもできます。以後では、makeが参照するファイルをMakefileとして説明します。

makeで生成する対象のことをターゲットと呼びます。ターゲット名およびターゲットの生成方法はMakefileの中に記述されます。

makeを引数なしで実行すると最初のターゲットが生成されます。最初のターゲット名としてはallが一般的です。

簡単なMakefileの書式

```
prefix = インストールディレクトリの指定
bindir = コマンドをインストールするディレクトリを指定
INSTALL = インストールコマンドの指定
CC = コンパイラの指定

ターゲット名1:   ターゲット1が依存するコンポーネントを指定 ——— 最初のターゲット
<タブ> ターゲット1を生成するコマンドを指定
ターゲット名2:   ターゲット2が依存するコンポーネントを指定
<タブ> ターゲット2を生成するコマンドを指定
```

ターゲットを生成するコマンドの記述の前に区切り記号としてタブを入れます。

次の例はC言語のソースhello.cとprint-hello.cからバイナリプログラムhelloを生成するためのMakefileの例です。

hello.c と print-hello.c ファイルの内容

```
$ ls
Makefile  hello.c  print-hello.c
$ cat hello.c          ── 関数hello()を呼び出すメインプログラム
main(){hello();}
$ cat print-hello.c    ── 関数hello()を定義したプログラム。"Hello Linux!"と表示する
#include<stdio.h>
void hello(){printf("Hello Linux!\n");}
```

バイナリプログラム hello を生成する Makefile の例

```
prefix = /usr/local
bindir = ${exec_prefix}/bin
INSTALL = /usr/bin/install -c
CC = gcc

                        ── 最初のターゲットをallとしている。allが依存する
                           helloはターゲットhelloにより生成される
all : hello
hello : hello.o print-hello.o
                        ── hello.oはターゲットhello.oにより、print-hello.oはターゲット
                           print-hello.oにより生成される
        ${CC} -o hello hello.o print-hello.o
hello.o : hello.c
        ${CC} -c hello.c
print-hello.o : print-hello.c
        ${CC} -c print-hello.c
install :
        ${INSTALL} hello ${bindir}
clean :
        rm -f *.o hello
```

上記 Makefile のターゲットの依存関係

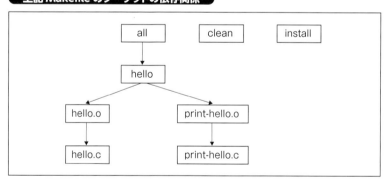

hello :　　　実行プログラム hello を生成するターゲット。実行プログラム hello は hello.o と print-hello.o から作られる
hello.o :　　再配置可能オブジェクトhello.oを生成するターゲット。再配置可能オブジェクト hello.o は hello.c から作られる
print-hello.o :　再配置可能オブジェクト print-hello.o を生成するターゲット。再配置可能オブジェクト print-hello.o は print-hello.c から作られる

標準的な all、clean、install などとは異なり、ターゲット hello、hello.o、print-hello.o はこのファイル独自のものです。

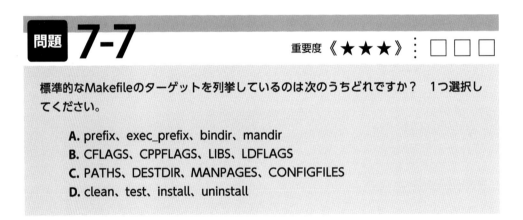

《答え》A

問題 7-7　重要度 ★★★

標準的なMakefileのターゲットを列挙しているのは次のうちどれですか？　1つ選択してください。

　A. prefix、exec_prefix、bindir、mandir
　B. CFLAGS、CPPFLAGS、LIBS、LDFLAGS
　C. PATHS、DESTDIR、MANPAGES、CONFIGFILES
　D. clean、test、install、uninstall

《解説》Makefileで標準的によく使われるターゲットには次のものがあります。ただし、ターゲットはアプリケーションによって異なります。

ターゲット

主なターゲット	説明
all	すべてのターゲットを生成する
test	生成したターゲットが正しく動作するかテストする
clean	生成したファイルを削除する
install	生成したコマンドなどをインストールする
uninstall	インストールしたコマンドなどを削除する

201試験

《答え》D

問題 7-8

重要度 《★★☆》

ソースからコンパイルして作成したファイルをインストールするために、Makefileの
ターゲットの名前としてもMakefileの中でも使用され、また単独でも使用されるコマン
ドはどれですか？　1つ選択してください。

A. make
B. install
C. configure
D. make depend

《解説》installコマンドはファイルをコピーしその属性を設定するコマンドです。主にソースか
らコンパイルして作成したファイルをインストールする時に使用されます。

主な構文 install [オプション] ファイル1 ファイル2 ... ディレクトリ

オプション

主なオプション	説明
-m パーミッション	コピーしたファイルのパーミッションを8進数で指定
-s	コピーしたファイルのシンボルテーブルを削除

《答え》B

問題 7-9

重要度 《★★★》

一般ユーザがソースパッケージからアプリケーションをインストールしようとしていま
す。suコマンドでスーパーユーザになり、行わなければならないのはどの作業ですか？
1つ選択してください。

A. make deps
B. make config
C. make
D. make install
E. すべての作業

《解説》問題7-3、問題7-6の解説のとおり、「make install」は生成したコマンドやファイルを
システムのディレクトリにインストールします。したがって、root権限を持つスーパー
ユーザになり、システムのディレクトリへの書き込み権限を取得しなければなりません。

7章
システムの保守

187

デフォルトのインストールディレクトリは/usr/localです。

あわせてチェック！ --
一般ユーザで「make install」を実行すると、「cannot create regular file...許可がありません」というエラーになります。rootで実行することで解決できますが、それ以外に「./configure --prefix=$HOME/appli」のようにして、インストールディレクトリを変更することでも解決できるので覚えておいてください。

《答え》D

問題 **7-10**　　　　　重要度 《★★★》 ☐ ☐ ☐

前回のmakeでコンパイルしたソースコードを変更しました。更新分だけではなく、すべてを最初から生成したい場合、 make allを実行する前に実行するコマンドはどれですか？　1つ選択してください。

A. make clear　　　　　　　**B.** make dep

C. make install　　　　　　 **D.** make clean

《解説》makeはターゲットとターゲットが依存するファイルの更新時刻を比較して、ターゲットが依存するファイルの更新時刻の方が新しい場合にのみターゲットを再生成します。ターゲットの更新時刻の方が新しい場合はターゲットを更新済みと判定して再生成は行いません。 makeのこの機能により、すべてを再生成するのではなく、ソースの更新に関わる部分だけを効率よく再生成できます。しかしすべてのターゲット生成プロセスを最初から再確認したいなど、すべてを最初から生成したい場合があります。このような時には「make clean」コマンドにより前回に生成したターゲットをすべて削除してからmakeを実行します。

以下は、問題7-6の解説のMakefileを使った実行例です。

実行例

```
$ cat hello.c
main(){hello();}
$ cat print-hello.c
#include<stdio.h>
void hello(){printf("Hello Linux!\n");}
$ make
gcc -c hello.c
gcc -c print-hello.c
gcc -o hello hello.o print-hello.o
$ ./hello
Hello Linux!
$ make
make: `all' に対して行うべき事はありません．      ← ターゲットは更新済みなので何もしない
$ vi print-hello.c
#include<stdio.h>
void hello(){printf("Hello Android!\n");}    ← LinuxをAndroidに変更
$ make
gcc -c print-hello.c      ← ターゲットprint-hello.oが再生成される（ターゲットhello.oは更新済みなので再生成しない）
gcc -o hello hello.o print-hello.o
$ ./hello                 ← ターゲットhelloが再生成される
Hello Android!
$ make
make: `all' に対して行うべき事はありません．   ← ターゲットは更新済みなので何もしない
$ make clean              ← 前回のmakeで生成したファイルはすべて削除
rm -f hello.o print-hello.o hello
$ make                    ← すべてのターゲットを再生成する
gcc -c hello.c
gcc -c print-hello.c
gcc -o hello hello.o print-hello.o
```

《答え》D

問題 7-11　重要度《★★☆》

アプリケーションプログラムを修正したので、この修正による新たなバグが発生していないかを検証するためにMakefile中に指定したリグレッションテストを行います。このための一般的なターゲットを指定するコマンドを1つ選択してください。

- **A.** make test
- **B.** make clean
- **C.** make install
- **D.** make dep

《解説》リグレッションテスト（regression test：退行テスト）とはプログラムのバグを修正したことにより新たなバグが発生していないか（退行していないか）を検証するためのテストです。問題7-7の解説の表にあるとおり、一般にテスト手順をmakeが参照するファイル（例：Makefile）にターゲットtestとして記述します。

ターゲットtestがないLinuxアプリケーションも多く、またテスト手順はアプリケーションにより異なります。

リグレッションテストは退行テスト、縮退テストあるいは回帰テストとも呼ばれます。

《答え》 A

問題 7-12　　　　　　　重要度 《★ ★ ☆》 ： □ □ □

ほぼ毎日更新しているイントラネットのWebサーバがあります。災害なども考慮した
バックアップ計画として適切なものはどれですか？　1つ選択してください。

A. 増分バックアップを毎日、完全バックアップを毎週取っている。増分バックアッ
プだけをオフサイトへ送る

B. 完全バックアップを毎日取っている。すべてをオフサイトへ送る

C. 増分バックアップを毎日、完全バックアップを毎週取っている。すべてをオフサ
イトへ送る

D. 完全バックアップを毎月取っている。すべてをオフサイトへ送る

《解説》 データはほぼ毎日更新しているので、選択肢Dの月1回のバックアップでは不十分です。
また選択肢Bの毎日完全バックアップを取るのは時間がかかりバックアップメディアの
容量も必要とするので効率的ではありません。選択肢Aの増分バックアップだけでは
データを復旧できないので誤りです。選択肢Cは毎日のバックアップを効率的に取るこ
とができ、災害時には完全バックアップと増分バックアップでデータを復旧できるので
正解です。

システム（この問題の場合はイントラネットのWebサーバ）がある場所にバックアップ
を取っておくのが、オンサイトでのバックアップです。オンサイトのバックアップだけ
では、災害時などにバックアップ自体が損傷や喪失した場合にデータを復旧できません。
システムのある場所とは遠隔の拠点にバックアップを取っておくのがオフサイトでの
バックアップです。災害時などにはこのバックアップを使ってデータを復旧できます。
バックアップメディアの輸送費用や手間を考慮して完全バックアップのみをオフサイト
に置く方法もありますが、その場合は増分バックアップの時点までの復旧はできず、完
全バックアップの時点までの復旧となります。

Linuxではファイルシステム単位でのバックアップはdumpコマンドで、バックアップ
を戻すのはrestoreコマンドで行います。 dumpコマンドでは、完全バックアップ（フ
ルバックアップ）、増分バックアップ、差分バックアップを作成できます。

構文 dump [ダンプレベル]uf バックアップデバイス マウントポイント

オプション

主なオプション	説明
-ダンプレベル	0-9までのダンプレベルを指定。0はフルダンプ、1-9は差分あるいは増分ダンプの時に指定する
-a	(auto-size)テープ長の計算はせず、eom(end of media)を検知するまで書き込む。このオプションはデフォルトである
-f デバイス	(file)使用するデバイスあるいはファイルを指定する
-u	(update)ダンプ終了時に/etc/dumpdatesファイルを更新する

完全バックアップはファイルシステムのすべてのデータのバックアップです。dumpコマンドの実行時にダンプレベル0を指定します。

増分バックアップは前回のバックアップからの更新分だけをバックアップします。dumpコマンドの実行時には前回のダンプレベルより大きい値を指定します。

次の図は、完全バックアップと増分バックアップを組み合わせた1週間単位のバックアップスケジュールの例です。

完全バックアップと増分バックアップ

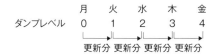

差分バックアップはある時点のバックアップからの更新分だけをバックアップします。dumpコマンドの実行時には前回のダンプレベルと同じ値を指定します。

次の図は、完全バックアップと差分バックアップを組み合わせた1週間単位のバックアップスケジュールの例です。

完全バックアップと差分バックアップ

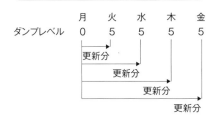

次の例では、ファイルシステム/dev/sda1をテープデバイス/dev/st0に、ダンプレベル0を指定して完全バックアップ(フルバックアップ)しています。

実行例

```
# dump -0uf /dev/st0 /dev/sda1
  DUMP: Date of this level 0 dump: Sat Aug 11 22:07:07 2012
  DUMP: Dumping /dev/sda1 (/home) to /dev/st0
........... (途中省略) .................
  DUMP: Date of this level 0 dump: Sat Aug 11 22:07:07 2012
  DUMP: Date this dump completed:  Sat Aug 11 22:07:08 2012
  DUMP: Average transfer rate: 0 kB/s
  DUMP: DUMP IS DONE

# cat /etc/dumpdates
/dev/sda1 0 Sat Aug 11 22:07:07 2012 +0900
```

dumpコマンドにuオプションを指定すると、デバイス、レベル、時刻が記録される

《答え》C

問題 7-13　重要度 ★★☆

dumpコマンドでバックアップを取る場合のリスクは何ですか？　1つ選択してください。

A. dumpでバックアップ中にファイルシステムが変更されると、バックアップに不整合が生じる可能性がある
B. dumpではリモートホストにバックアップを取ることができない
C. dumpではファイルシステム全体のみで変更分だけのバックアップを取ることができない
D. dumpではファイルシステム全部のバックアップを取ることができない

《解説》dumpでバックアップ中にファイルシステムが変更されると、バックアップに不整合が生じる可能性があります。したがって、dumpコマンドでバックアップを取る場合は一般ユーザがログインできないランレベル1で実行し、またバックアップを取るファイルシステムを変更するサービスは停止する、などの注意が必要です。

《答え》A

問題 7-14　重要度 ★★☆

バックアップをリストアするときの手順について正しいものを1つ選択してください。

A. 最新のフルバックアップをリストアしてから、増分バックアップを古いものから順番にリストアしていく
B. 最新のフルバックアップをリストアしてから、増分バックアップを新しいものから順番リストアしていく
C. 最新の増分バックアップから順番にリストアし、最後に最新のフルバックアップをリストアする
D. 最も古い増分バックアップから順番にリストアし、最後に最新のフルバックアップをリストアする

《解説》バックアップを取った時と同じ順に、古いものから順番にリストアを行います。

構文 restore ［オプション］　バックアップデバイス

オプション

主なオプション	説明
-r	(restore)フルダンプのリストアとそれに続く差分あるいは増分ダンプのリストアで指定する
-x	(extract)指定したファイルをリストアする場合に指定する
-i	(interactive)対話的にファイルをリストアする場合に指定する
-v	(verbose)リストア中のファイル名を表示する。このオプションを指定しない場合は、リストア中は何も表示されない
-f デバイス	(file)使用するデバイスあるいはファイルを指定する

以下は問題7-12の例での完全バックアップ(月曜)と増分バックアップ(火曜と水曜)を使って、/home以下にrestoreする例です。

実行例

```
# mkfs -t ext4 /dev/sdb1
# mount /dev/sdb1 /home
# cd /home
# restore -rvf /dev/st0    ← 完全バックアップ(月曜)のテープからリストア
# restore -rvf /dev/st0    ← 増分バックアップ(火曜)のテープからリストア
# restore -rvf /dev/st0    ← 増分バックアップ(水曜)のテープからリストア
```

《答え》A

問題 7-15

重要度 《★★★》 ： □ □ □

ddコマンドで/dev/sda3のファイルシステムを/dev/sdb1にコピーしたい場合、正しいものはどれですか？　1つ選択してください。なお2つのパーティションのサイズは同じです。

- **A.** dd if=/dev/sda3 of=/dev/sdb1
- **B.** dd of=/dev/sda3 if=/dev/sdb1
- **C.** dd input=/dev/sda3 output=/dev/sdb1
- **D.** dd input=/dev/sdb1 output=/dev/sda3

《解説》ディスクパーティション内のデータをそのまま別のパーティションにコピーする場合はddコマンドを使用します。

主な構文 `dd [if=file] [of=file] [bs=bytes] [count=blocks]`

オプション

主なオプション	説明
if=入力ファイル名	入力ファイルの指定
of=出力ファイル名	出力ファイルの指定
bs=ブロックサイズ	1回のread/writeで使用するブロックサイズの指定
count=ブロック数	入力するブロック数を指定

《答え》A

問題 7-16

重要度 《★★★》 ： □ □ □

パーティション/dev/sda1のデータを消去する手順はどれですか？　1つ選択してください。

- **A.** mkfs /dev/sda1
- **B.** rm /dev/sda1
- **C.** dd of=/dev/null if=/dev/sda1
- **D.** dd < /dev/zero > /dev/sda1

《解説》「mkfs /dev/sda1」は、ファイルシステムとして初期化してもデータブロックにはデータは残るので選択肢Aは誤りです。

「rm /dev/sda1」は、デバイスファイルを削除するだけでデータを消去するわけではないので選択肢Bは誤りです。

「dd of=/dev/null if=/dev/sda1」は、/dev/sda1のデータを/dev/nullにコピーする

194

だけで、元の/dev/sda1にはデータはそのまま残るので選択肢Cは誤りです。
「dd < /dev/zero > /dev/sda1」はオールビット0のバイト（"\0"）を/dev/sda1の全領域に書き込むので選択肢Dは正解です。「dd if=/dev/zero of=/dev/sda1」としてもデータを消去できます。
次の例は、「mkfs /dev/sda1」では/dev/sda1にデータが残り、「dd < /dev/zero > /dev/sda1」では/dev/sda1の全データが消去されることを確認する例です。

実行例

```
# mount /dev/sda1 /mnt
# cp /etc/hosts /etc/passwd /mnt
# ls /mnt
hosts  lost+found  passwd
# umount /mnt
# mkfs /dev/sda1
# strings /dev/sda1 | head -7          ← /etc/hostsの内容が残っている
lost+found
127.0.0.1    localhost localhost.localdomain localhost4 localhost4.
localdomain4
::1          localhost localhost.localdomain localhost6 localhost6.
localdomain6
root:x:0:0:root:/root:/bin/bash        ← この行から以下に続く行には/etc/passwd
bin:x:1:1:bin:/bin:/sbin/nologin          の内容が残っている
daemon:x:2:2:daemon:/sbin:/sbin/nologin
adm:x:3:4:adm:/var/adm:/sbin/nologin
# dd < /dev/zero > /dev/sda1
# strings /dev/sda1                     ← stringsコマンドを実行しても何も表示されない
# od -x /dev/sda1
0000000 0000 0000 0000 0000 0000 0000 0000 0000   ← odコマンドの表示により、
*                                                    sda1の全領域がオールビット
76503000                                             ゼロになっていることがわかる
```

あわせてチェック！
「dd if=/dev/zero of=/dev/sda1」でもデータを消去できるので覚えておいてください。

《答え》D

問題 7-17　重要度 ★★☆

ファイル名のサフィックスがtar.bz2となる、tar形式+bzip2圧縮ファイルを1つのコマンドで利用したい場合、どのコマンドを使用しますか？　1つ選択してください。

A. gzip　　　　　　B. bzip2
C. bz2gzip　　　　D. tar

《解説》tarコマンドを使用すると、tarコマンドの1回の実行でtar形式+bzip2圧縮ファイルを作成できます。

主なオプション	説明
-c、--create	アーカイブの作成
-t、--list	アーカイブに含まれているファイルの一覧を表示
-x、--extract	アーカイブからファイルを抽出
-j、--bzip2	bzip2でアーカイブを作成時に圧縮あるいは抽出時に解凍する。抽出時はこのオプションを指定しなくても自動判別する
-z、--gzip	gzipでアーカイブを作成時に圧縮あるいは抽出時に解凍する。抽出時はこのオプションを指定しなくても自動判別する
-v、--verbose	処理しているファイルの情報を表示
-f ファイル名、--file=ファイル名	使用するデバイスあるいはアーカイブファイルの指定

主な構文 tar［オプション］［ファイル］

オプション

tオプションを指定した場合は表示するファイル名を指定します。ファイル名の指定がない場合はすべてのファイル名を表示します。

xオプションを指定した場合は抽出するファイル名を指定します。ファイル名の指定がない場合はすべてのファイルを抽出します。

cオプションを指定した場合はアーカイブするファイル名を指定します。

《答え》D

問題 7-18 重要度《★★★》：□□□

テープにバックアップしたファイルを戻すために「cd ~/data;tar xvf /dev/nst0」コマンドを実行した後、もう一度同じコマンドを実行しました。この結果についての正しい説明はどれですか？ 1つ選択してください。

A. ~/dataディレクトリ以下には既にファイルが保存されているため、2回目のコマンドはエラーとなる

B. ~/dataディレクトリ以下の1回目に読み込まれたファイルはすべて消去されて、2回目に読み込まれたtarファイルの内容が保存される

C. ~/dataディレクトリ以下の同じ名前のファイルは上書きされず、別名のファイルは追加される

D. ~/dataディレクトリ以下に2回目に読み込まれたtarファイルの内容が上書きおよび追加される

《解説》tarコマンドの2回目の実行では、展開先にないファイルは追加されますが、展開先にあるファイルは上書きされます。したがって、選択肢Dが正解です。

《答え》D

201試験

問題 **7-19**　　　重要度 《★★★》 ⋮ □ □ □

ユーザryoが自分のホームディレクトリの下のファイルをすべてリモートホスト
examhostの/backup/ryoの下にコピーします。リモートホストのアカウントは管理者
アカウントのyukoを使用し、所有者、グループ、パーミッションは元のままでコピーし
ます。実行するコマンドはどれですか？　1つ選択してください。

A. rsync -a /home/ryo/ yuko@examhost:/backup/ryo
B. rsync -u yuko /home/ryo/ examhost:/backup/ryo
C. rsync -a -u yuko examhost:/backup/ryo /home/ryo/
D. rsync -e yuko@examhost:/backup/ryo /home/ryo

《**解説**》rsyncはファイルのコピーツールです。ローカルホストのディレクトリ間でのバック
アップや同期、ローカルホストからリモートホストおよびリモートホストからローカル
ホストへのバックアップや同期ができます。rsyncはSambaの開発者であるAndrew
Tridgell氏によって開発されました。
　所有者、グループ、パーミッションは元のままでコピーするには-aオプションを使用し、
リモートホストのアカウントの指定は「ユーザ名@ホスト名:ディレクトリ」として指定
します。したがって、この書式に合った選択肢Aが正解です。

構文 rsync ［オプション］ コピー元 コピー先
オプション

主なオプション	説明
-a、--archive	アーカイブモード。-rlptgoD(以下の-r、-l、-p、-t、-g、-o、-Dをすべて指定)と等しい
-r、--recursive	ディレクトリを再帰的にコピーする
-l、--links	シンボリックリンクはシンボリックリンクとしてコピーする
-p、--perms	パーミッションをそのまま維持する
-t、--times	ファイルの変更時刻をそのまま維持する
-g、--group	ファイルのグループをそのまま維持する
-o、--owner	ファイルの所有者をそのまま維持する(送信先アカウントがrootの時のみ有効)
-D	--devices、--specials と等しい
--devices	キャラクタデバイスファイルとブロックデバイスファイルをそのままデバイスファイルとしてコピーする(送信先アカウントがrootの時のみ有効)
--specials	ソケットファイル(名前付きソケット)と名前付きFIFO(名前付きパイプ)をそのままソケットあるいはFIFOとしてコピーする
-v、--verbose	転送ファイル名を表示する
-z、--compress	転送時にファイルデータを圧縮する
-u、--update	送信先ファイルの方が新しい場合はコピーしない
--delete	送信元で削除されたファイルは送信先でも削除する
-e、--rsh=COMMAND	リモートシェルを指定する。デフォルトは「-e ssh (--rsh=ssh)」

7章
システムの保守

次の実行例は、ユーザyukoがディレクトリdir1とその下のファイルをすべて自分の
ホームディレクトリ下のbackupディレクトリにコピーする例です。

実行例

```
$ rsync -av dir1 /home/yuko/backup
sending incremental file list
dir1/
............（以下省略）...................
```

なお、コピー元のディレクトリをこの例のようにdir1ではなくdir1/とした場合は、
dir1は含めずにその下のfileAとfileBをbackupの下にコピーします。
次の実行例は、ユーザmanaが自分のホームディレクトリとその下のファイルをすべて
examhostの/backupの下に、examhostのrootアカウントでコピーする例です。

実行例

```
$ rsync -av /home/mana root@examhost:/backup
root@examhost's password:
sending incremental file list
mana/
............（以下省略）...................
```

《答え》A

問題 7-20

重要度 《★★★》 □□□

ユーザyukoがrsyncコマンドを使用して、セキュリティ上安全な通信方法で、ファイル
~/.fileAをホストhost01の/home/yuko以下にコピーする際の正しい記述はどれです
か？ 2つ選択してください。

A. rsync ~/.fileA --ssh yuko@host01:/home/yuko

B. rsync ~/.fileA -e ssh yuko@host01:/home/yuko

C. rsync ~/.fileA yuko@host01:/home/yuko

D. rsync ~/.fileA -u yuko --ssh yuko@host01:/home/yuko

E. rsync ~/.fileA -u yuko -e ssh host01:/home/yuko

《解説》セキュリティ的に安全な方法でファイルをリモートホストにコピーするには、-eオプ
ションまたは--rsh=オプションにより、リモートシェルにsshを使用します。したがっ
て、選択肢Bは正解です。
また、リモートシェルのデフォルトはsshなので、リモートシェルの指定をしていない
選択肢Cも正解です。

198

201試験

ユーザの指定は、ホスト名の前に@で区切って「ユーザ名@ホスト名」とします。選択肢Eはリモートシェルの指定は正しいのですが、ユーザyukoの指定が間違っています。

《答え》B、C

問題 7-21

重要度 《★★★》 : □ □ □

Linuxで使用できるバックアップツールを3つ選択してください。

A. Amanda
B. Bacula
C. BackupPC
D. dumpe2fs

《解説》dumpe2fsはファイルシステムの情報を表示するコマンドで、バックアップツールではないので選択肢Dは誤りです。
Amanda、Bacula、BackupPCはLinuxで利用できるバックアップツールです。

《答え》A、B、C

問題 7-22

重要度 《★★★》 : □ □ □

ユーザがコンソールからログインする時に、ログインプロンプトの前に表示されるメッセージはどのファイルに書かれていますか? 1つ選択してください。

A. /etc/motd
B. /etc/issue
C. /etc/issue.net

《解説》コンソールからログインする時、ログインプロンプトの前に/etc/issueファイルの内容が表示されます。
/etc/issueファイルにはLinuxディストリビューションの名前とバージョン、カーネルのリリース番号とマシンタイプが格納されています。

/etc/issue ファイルの例

```
Scientific Linux release 6.2 (Carbon)
Kernel \r on an \m
```

7章 システムの保守

表示される時は「\r」はカーネルのリリース番号（「uname -r」コマンドで表示される）に、「\m」はマシンタイプ（「uname -m」コマンドで表示される）に置き換わって表示されます。

コンソール画面の表示例

```
Scientific Linux release 6.2 (Carbon)       /etc/issueファイルで設定
Kernel 2.6.32-220.el6.x86_64 on an x86_64   された内容

examhost login:
```

あわせてチェック! ---

リモートマシンからtelnetでログインする時、ログインプロンプトの前に/etc/issue.netファイルの内容が表示されます。/etc/issueファイルとあわせて覚えてください。

《答え》B

問題 7-23　　　重要度《★★★》：□□□

システムにログインしたユーザに表示するメッセージはどのファイルに書かれていますか？　完全なパスで記述してください。

《解説》システムにログインすると/etc/motdファイルの内容が表示されます。 motdは「Message Of The Day」の意味です。
インストール時には空ファイルですが、このファイルにメッセージを記述することにより、ログインユーザに通知ができます。

《答え》/etc/motd

問題 7-24　　　重要度《★★☆》：□□□

ログインしているユーザ全員にメッセージを送るコマンドは何ですか？　コマンド名を記述してください。

《解説》wallコマンドは引数で指定したメッセージをログインしているユーザ全員に送ります。

構文 wall [メッセージ]

200

201試験

実行例

```
$ wall The system is shutting down at 22:00 as scheduled.
```

《答え》wall

問題 7-25　重要度《★★☆》：□□□

カーネルメッセージをリモートなsyslogサーバに送るユーティリティは何ですか？　記述してください。

《解説》syslogメッセージはローカルのsyslogdによりリモートなsyslogサーバに送られます。

《答え》syslogd

問題 7-26　重要度《★★★》：□□□

ハードディスクドライブに組み込まれているSMART機能の説明で、適切なものはどれですか？　2つ選択してください。

A. SMARTは「Self-Monitoring, Analysis and Reporting Technology」の略である

B. ディスクのseek、read、writeのエラー率や温度などの信頼性に関する項目を監視する

C. DMA、転送ビット数、先読み、バッファなどにより、ディスクのパフォーマンスを向上させる

D. バックアップにより障害発生時にデータをリカバリする

《解説》SMART (Self-Monitoring, Analysis and Reporting Technology)はハードディスクに組み込まれた監視システムです。seek、read、writeのエラー率や温度などの信頼性に関する項目を検知して報告することで、将来的な障害発生の予知、予防に利用できます。
Linuxでは、smartctlコマンドやsmartdデーモンで、これらの情報を収集および表示することができます。

7章 システムの保守

201

構文 smartctl ［オプション］ デバイス名

オプション

主なオプション	説明
-H、--health	ヘルス・ステータス情報の表示。ヘルス・ステータスがfailの場合は、既にデバイスが故障しているか、24時間以内に故障する可能性がある
-i、--info	ハードディスクのデバイス情報を表示
-c、--capabilities	ケーパビリティの表示。ATAディスクのみ
-A、--attributes	属性(検査項目)の状態を表示。ATAディスクでは次のように表示される ・ID#：1～254の属性識別番号 ・ATTRIBUTE_NAME：属性名 ・VALUE：ディスクのファームウェアによって、RAW_VALUEから1～254の範囲に正規化された現在値。値は大きいほどよい ・WORST：正規化されたこれまでの最低値 ・THRESH：しきい値。VALUEがしきい値以下になるとfailしたか、failする可能性がある ・RAW_VALUE：物理的に検知された値
-l、--log	ログの表示。「-l TYPE」、「--log=TYPE」として引数にログのタイプを指定する ・タイプの例：「error」エラーログ、「selftest」セルフテストのログ、「selective」セルフテスト(selective)のログ
-a、--all	SMARTが収集したデータをすべて表示する。ATAディスクでは「-H -i -c -A -l error -l selftest -l selective」と同じ。SCSIディスクでは「-H -i -A -l error -l selftest」と同じ
-t、--test	セルフテストを実行。「-t TEST」、「--test=TEST」として引数にテストの種類を指定する ・ATAディスクの例1：「-t offline」オフラインテスト。「-l error」でエラーがあったかどうかを確認できる ・ATAディスクの例2：「-t short」offlineとは違う種類のオフラインテスト。「-l selftest」で結果を確認できる
-s、--smart	SMART機能のオン、オフ。「-s on」、「--smart=on」、「-s off」、「--smart=off」で指定する

smartctl コマンドの実行例

```
（デバイス情報を表示）
# smartctl -i /dev/sda
smartctl 5.43 2012-06-30 r3573[x86_64-linux-2.6.32-358.14.1.el6.x86_64](local build)
Copyright (C) 2002-12 by Bruce Allen, http://smartmontools.sourceforge.net

=== START OF INFORMATION SECTION ===
Model Family:     Seagate Momentus 7200.4
Device Model:     ST9160412ASG
Serial Number:    5VG09NBH
.............. （以下省略）....................

（属性の状態を表示）
# smartctl -A /dev/sda
.............. （途中省略）....................
=== START OF READ SMART DATA SECTION ===
SMART Attributes Data Structure revision number: 10
Vendor Specific SMART Attributes with Thresholds:
ID# ATTRIBUTE_NAME          FLAG     VALUE WORST THRESH TYPE  UPDATED  WHEN_FAILED RAW_VALUE
  1 Raw_Read_Error_Rate     0x000f   119   099   006    Pre-fail Always   -          206797586
  3 Spin_Up_Time            0x0003   100   100   085    Pre-fail Always   -          0
  4 Start_Stop_Count        0x0032   100   100   020    Old_age  Always   -          276
.............. （途中省略）....................
190 Airflow_Temperature_Cel 0x0022   058   050   045    Old_age  Always   -          42
(Lifetime Min/Max 23/50)
.............. （以下省略）....................
```

このディスクは、どの属性も、正規化された現在値（VALUE）と正規化された過去最低値（WORST）がいずれも、しきい値（THRESH）より上である

ディスクの温度（Airflow_Temperature_Cel）の現在値は摂氏42度である

201試験

SMARTは信頼性に関する項目を検知して報告するもので、パフォーマンスの向上や
バックアップのためのものではないので、選択肢Aと選択肢Bが正解、選択肢Cと選択
肢Dは誤りです。

《答え》A、B

問題 7-27

重要度 《★★★》 ☐ ☐ ☐

デーモンが収集したハードディスクドライブのSMART情報は、標準的なLinuxシステム
ではどこに表示されますか？　1つ選択してください。

　　A. 標準出力に表示される
　　B. 標準エラー出力に表示される
　　C. 管理者のメールアドレスに送られる
　　D. /var/log/messagesに記録される

《解説》ハードディスクドライブのSMART情報を収集するデーモンはsmartdです。smartd
デーモンは、設定ファイル/etc/smartd.confを参照してSMART情報を収集します。デ
フォルトの設定では30分ごとにディスクのSMART情報をモニタし、エラーあるいは
SMART属性値の変化を検知した場合は、ファシリティdaemonでsyslogに送ります。
Linuxの標準的なsyslog設定では、ファシリティdaemonのログは/var/log/messages
に記録されます。したがって、選択肢Dが正解です。

《答え》D

7
章

システムの保守

201試験

模擬試験

201試験

模擬試験

問題 1

topコマンドを実行したところ、次のように表示されました。3行目の表示についての説明で適切なものはどれですか？　3つ選択してください。

実行例

```
$ top
top - 21:30:38 up 31 days, 11:06, 10 users, load average: 0.16, 0.21, 0.18
Tasks: 337 total, 1 running, 336 sleeping, 0 stopped, 0 zombie
Cpu(s): 11.6%us, 0.5%sy, 0.0%ni, 86.9%id, 1.0%wa, 0.0%hi, 0.0%si, 0.0%st
```

- **A.** ユーザモードで11.6%を使用している。アプリケーション内の処理により比率が高くなる
- **B.** システムモードで0.5%を使用している。カーネル内の処理により比率が高くなる
- **C.** I/O待ちで1.0%を使用している。計算主体のプロセスにより比率が高くなる
- **D.** ハードウェア割り込みの処理に0.0%を使用している。タイマー、ディスク、ネットワークデバイスからのインタラプトにより比率が高くなる

問題 2

vmstatコマンドを実行したところ、次のように表示されました。表示内容の説明で適切なものはどれですか？　2つ選択してください。

実行例

```
procs --------memory------------ --swap-- -----io---- --system--- -----cpu----------
 r  b   swpd   free   buff  cache   si   so    bi    bo   in   cs us sy id wa st
 0  1 584708 237252 321140 518380    0    0  1599     0 3149 5280 10  3 41 47  0
```

- **A.** 割り込みは1秒間に1599回あった
- **B.** ブロックデバイスから1秒間に3149ブロックが読み込まれた
- **C.** CPUのアイドル時間のパーセンテージは41%である
- **D.** CPUのI/O待ち時間のパーセンテージは47%である

問題 3

vmstatコマンドを実行したところ、次のように表示されました。表示内容の説明で適切なものはどれですか？　2つ選択してください。

201試験

実行例

```
procs --------memory------------ --swap-- ----io---- --system--- -----cpu----------
 r  b   swpd   free   buff  cache   si   so    bi    bo    in   cs us  sy id  wa st
 0  1 584708 237252 321140 518380    0    0  1599     0  3149 5280 10   3 41  47  0
```

   A. スワップ領域のうち、584708キロバイトが使用されている

   B. メモリ領域のうち、237252キロバイトが空きである

   C. カーネルコード実行時間の割合は10%である

   D. カーネルコード以外の実行時間の割合は3%である

問題 4 ☐☐☐

uptimeコマンドを実行したところ、次のように表示されました。表示内容の説明で適切なものはどれですか？　3つ選択してください。

実行例

```
$ uptime
 00:32:37 up 14 min, 3 users, load average: 0.01, 0.09, 0.14
```

   A. システムは14分間、稼働している

   B. /etc/passwdに登録されたユーザ数は3人である

   C. 負荷平均の3つの値はRun Queueのプロセスの平均個数である

   D. 負荷平均の3つの値は過去1分、5分、15分のものである

問題 5 ☐☐☐

Webサーバを構築にするにあたって、プロセッサの処理速度、プロセッサ数、メモリ容量、ストレージ容量を決定する上で考慮すべき要素の上位3つを選択してください。

   A. 同時接続のユーザ数　　　　　　**B.** CPUアーキテクチャ

   C. コンテンツの種類　　　　　　　**D.** ファイルシステムのタイプ

   E. プログラミング言語

問題 6 ☐☐☐

あるコマンドを引数なしで実行したところ、次のような結果が表示されました。

実行例

```
# _____ | grep httpd
```

下線部で実行したコマンドを記述してください。

実行例

```
httpd  25490  apache  11w  REG   252,1  1554594 1314076 /var/log/httpd/access_log
httpd  25490  apache  12w  REG   252,1  5398       1314126 /var/log/httpd/ssl_access_log
httpd  25490  apache  5u   IPv6  13565  0t0    TCP *:http (LISTEN)
httpd  25490  apache  7u   IPv6  13569  0t0    TCP *:https (LISTEN)
```

問題 7　□□□

ある特定のプロセスとその子プロセスが使用するファイルとネットワークの情報を調べるコマンドはどれですか？　2つ選択してください。

A. lsof

B. telinit

C. parted

D. pstree

問題 8　□□□

システムの統計情報を収集し、データをRRD（Round Robin Database）ファイルに保存するデーモンはどれですか？　1つ選択してください。

A. nginx

B. smartd

C. collectd

D. syslogd

問題 9　□□□

sysstatパッケージに含まれているコマンドについての説明で適切なものはどれですか？　2つ選択してください。

A. vmstatはシステムの統計情報を表示する

B. iostatはCPUの使用状況とI/O統計情報を表示する

C. sarはシステムアクティビティを収集し表示する

D. sadfはvmstatで収集したデータを表示する

問題 10　□□□

システムの統計情報を収集し、バイナリデータとして格納したファイルsysdataがあります。このデータからCPU、メモリ、ネットワークの統計情報を得るためにコマンドを実行したところ次のように表示されました。下線部で実行したコマンドは何ですか？　1つ選択してください。

208

実行例

```
# _____ -- -P 0 sysdata | head -4
lx01.mylpic.com    10    1409401233    cpu0    %user      23.14
lx01.mylpic.com    10    1409401233    cpu0    %nice       0.00
lx01.mylpic.com    10    1409401233    cpu0    %system     9.99
lx01.mylpic.com    10    1409401233    cpu0    %iowait     0.61

# _____ -- -r sysdata | head -3
lx01.mylpic.com    10    1409401233    -       kbmemfree  343076
lx01.mylpic.com    10    1409401233    -       kbmemused  3534360
lx01.mylpic.com    10    1409401233    -       %memused   91.15

# _____ -- -n DEV sysdata | grep eth0 | head -2
lx01.mylpic.com    10    1409401233    eth0    rxpck/s    2720.49
lx01.mylpic.com    10    1409401233    eth0    txpck/s     694.39
```

A. cifsiostat　　　　　　　　　**B.** nfsstat
C. pidstat　　　　　　　　　　**D.** sadf

問題 11

以下の内容のパッチファイルpatch-x86を/usr/src/linuxの下にダウンロードした後、/usr/src/linux/arch/x86/include/asmディレクトリの下に移動しました。

patch-x86

```
--- a/arch/x86/include/asm/foo.h
+++ b/arch/x86/include/asm/foo.h
@@ -4,3 +4,2 @@
 #include <linux/types.h>
-#include <linux/pci.h>
 #include <asm/compiler.h>
```

この後、パッチを当てる以下のコマンドを実行する時に下線部に指定する引数はどれですか？1つ選択してください。

実行例

```
$ patch ___ < /usr/src/linux/patch-x86
```

A. -p1　　　　　　　　　　　**B.** -p2
C. -p3　　　　　　　　　　　**D.** -p4
E. -p5

問題 12

FHSに準拠してLinuxカーネルソースが展開されたディレクトリがあり、ディレクトリ名にはカーネルバージョンが含まれています。このディレクトリへのシンボリックリンクファイルの一般的な名前は何ですか？ 絶対パスで記述してください。

問題 13

「depmod -a」コマンドの実行により「/lib/modules/カーネルバージョン」の下に作成される
modules.depファイルには何が格納されていますか？　1つ選択してください。

A. モジュールのソースコード
B. モジュールのソースコードのパス名と依存するソースファイル名
C. 生成されたモジュールのバイナリ
D. 動的にロードされるモジュールのパスと依存するモジュールのパス

問題 14

システム全体の共有メモリ・セグメントの最大個数を指定するカーネルパラメータshmmniの値
を4096に設定するために、実行するコマンドはどれですか？　2つ選択してください。

A. echo 4096 > /proc/sys/kernel/shmmni
B. echo 4096 > /proc/kernel/shmmni
C. sysctl kernel.shmmni=4096
D. systemctl shmmni=4096

問題 15

次のような内容のファイルがあります。このファイルはシステムの起動時に実行されるシェル
スクリプトの中で「sysctl -p」コマンドにより読み込まれて、カーネルパラメータに値が設定さ
れます。このファイルの名前を絶対パスで記述してください。

設定ファイル

```
net.ipv4.ip_forward = 0
kernel.msgmnb = 65536
kernel.msgmax = 65536
kernel.shmmax = 68719476736
kernel.shmall = 4294967296
```

問題 16

Linuxカーネルバージョン3.xのリリースカテゴリの説明で適切なものはどれですか？　3つ選
択してください。

A. prepatchはmainlineリリースの前の開発版
B. mainlineはすべての新機能を含むリーナス・トーバルズ氏による公式リリース
C. stableはprepatchをバグフィックスしたmainlineより前のリリース
D. longtermは最新カーネルからのバックポートを含むバグフィックスにより長期保守
されるリリース

201試験

問題 17 □□□

カーネルコンフィグレーションを行いましたが、/lib/modulesディレクトリの下にカーネルモジュールが1つもなくエラーとなりました。この問題を解決するために実行すべきmakeコマンドのターゲットには何を指定しますか？　記述してください。

問題 18 □□□

/usr/src/linuxディレクトリの直下に生成する設定ファイルの名前は何ですか？　記述してください。

問題 19 □□□

システムの起動時やランレベルの移行時に実行されるランレベル2のシェルスクリプトは、どのディレクトリに置かれていますか？　実体のディレクトリあるいはシンボリックリンクを絶対パスで記述してください。

問題 20 □□□

各ランレベルに対応したディレクトリの下にapache2サービスのシンボリックリンクファイルがあります。このリンク先の実体であるシェルスクリプトの名前は何ですか？　絶対パスで記述してください。

問題 21 □□□

システムの立ち上げ時に、カーネルがルートファイルシステムをマウントできませんでした。その結果は、どのようになりますか？　1つ選択してください。

A. ブートローダのプロンプトが表示される
B. カーネルパニックとなる
C. シングルユーザモードとなる
D. initプロセスのプロンプトが表示される

問題 22 □□□

GRUB2の設定ファイルの中でランレベル2で立ち上げる設定を行うためには、どのエントリを編集すればよいですか？　1つ選択してください。

A. linux　　　　　　　　　**B.** kernel
C. initrd　　　　　　　　　**D.** module

211

問題 23

initramfsが起動した後の処理シーケンスはどれですか？　1つ選択してください。

A. /sbin/switch_rootを実行 → ディスク内ルートファイルシステムのマウント →
ルートファイルシステムの切り替え

B. /initを実行 → ディスク内ルートファイルシステムのマウント → ルートファイルシ
ステムの切り替え

C. ディスク内ルートファイルシステムのマウント → ルートファイルシステムの切り替
え → /sbin/switch_rootを実行

D. ディスク内ルートファイルシステムのマウント → ルートファイルシステムの切り替
え → /initを実行

問題 24

LILOをブートローダとするLinuxシステムでカーネル/boot/vmlinuzと初期RAMディスク
/boot/initramfsを作り直しました。このシステムを新しいカーネルで起動するために実行すべ
きコマンドを記述してください。

問題 25

GRUBをインストールするコマンドはどれですか？　1つ選択してください。

A. syslinux　　　　　　　　　　　　**B.** extlinux
C. grub-mkconfig　　　　　　　　　**D.** grub-install

問題 26

シングルユーザでのメンテナンス作業が終わったので、全起動シーケンスを実行して通常のシ
ステムの状態まで立ち上げたいと考えています。実行するコマンドはどれですか？　2つ選択し
てください。

A. shutdown -r now　　　　　　　　**B.** reboot
C. telinit 1　　　　　　　　　　　　**D.** init 0

問題 27

SysV-initを採用したシステムで起動シーケンスを決定し、またランレベルに対応したRCスクリ
プトを指定するファイルは何ですか？　絶対パスで記述してください。

問題 28

PXEブートに必要なものはどれですか？　3つ選択してください。

A. DHCPサーバ
B. TFTPサーバ
C. NFSサーバ
D. PXE対応ネットワークインタフェース

問題 29

OSのインストールされた内蔵ディスク1台と、データ保存用の外部USBディスク1台が接続されたシステムがあり、次のように記述された/etc/fstabがあります。このファイルシステムの操作およびスワップデバイスの操作についての説明で正しいものはどれですか？　1つ選択してください。
なお、どのプロセスもルートファイルシステム以外のファイルシステムにアクセスしていないものとします。

/etc/fstab（抜粋）

```
/dev/sda1   /              ext4   defaults      1 1
/dev/sda3   /home          ext4   defaults      1 2
/dev/sda2   swap           swap   defaults      0 0
/dev/sdb1   /mnt/usb500G   ext4   user,noauto   0 0
```

A. root権限を持つ管理者は「umount /」でルートファイルシステムをアンマウントできる
B. 一般ユーザは「umount /home」で/homeファイルシステムをアンマウントできる
C. root権限を持つ管理者は「umount /dev/sda2」でスワップデバイスを取り外すことができる
D. 一般ユーザは「mount /mnt/usb500G」で/dev/sdb1をマウントできる

問題 30

Linuxディストリビューションでシステムソフトウェアをインストールする標準のファイルシステムとして使用されているものはどれですか？　3つ選択してください。

A. EXT4
B. VFAT
C. XFS
D. Btrfs
E. NTFS

問題 31

/etc/fstabの最後のフィールドが0だった場合の動作についての説明で、正しいものはどれですか？　1つ選択してください。

A.「mount -a」コマンド実行時にマウントする
B.「mount -a」コマンド実行時にマウントしない
C. マウントの前にファイルシステムチェックを行う
D. マウントの前にファイルシステムチェックを行わない

問題 32

automountデーモンが個別のマップの前に最初に参照するファイルはどれですか？　1つ選択してください。

A. /etc/auto.master

B. /etc/auto.misc

C. /etc/auto.net

D. /etc/auto.smb

問題 33

大量のデータをディスクに書き込む操作を行いました。このデータがキャッシュ中でなくディスクに書き込まれることを確実にするためのコマンドは何ですか？　記述してください。

問題 34

既存のEXT2ファイルシステムを、データはそのまま残してEXT3ファイルシステムに移行するために実行するコマンドは何ですか？　コマンド名だけを記述してください。

問題 35

CD-ROMに焼くことのできるファイルシステムを作成するために実行するコマンドは何ですか？　コマンド名だけを記述してください。

問題 36

現在のファイルシステムのマウント状態が格納されているファイルはどれですか？　2つ選択してください。

A. /etc/fstab

B. /etc/mtab

C. /proc/mounts

D. /proc/partitions

問題 37

システム起動時にRCスクリプトの中で実行される「mount -a -O _netdev」コマンドによって、iscsiターゲット上に構築されたファイルシステム/dev/sda1を/mnt/iscsi-ext3に自動的にマウントしたいと考えています。次の/etc/fstabのエントリのフィールド（下線部）に入る適切なオプションを記述してください。

/etc/fstab（抜粋）

```
/dev/sda1 /mnt/iscsi-ext3 ext3 _____ 1 2
```

問題 38

RAIDの動作状態を確認するコマンドはどれですか？　2つ選択してください。

201試験

A. mdadm --assemble 　　　**B.** mdadm --detail --scan
C. cat /proc/mdstat 　　　　**D.** cat /var/log/mdstat

問題 39 　□□□

RAID5のデバイス/dev/md0でディスク/dev/sdb1の障害発生をエミュレートするコマンドはどれですか？　2つ選択してください。

A. mdadm --fail /dev/md0 /dev/sdb1
B. mdadm /dev/md0 -f /dev/sdb1
C. mdadm --faulty /dev/md0 /dev/sdb1
D. mdadm /dev/md0 -r /dev/sdb1

問題 40 　□□□

vgextendコマンドについての説明で正しいものはどれですか？　1つ選択してください。

A. ボリュームグループに物理ボリュームを追加する
B. ボリュームグループに論理ボリュームを追加する
C. ボリュームグループの機能を拡張する
D. ボリュームグループの容量を縮小する

問題 41 　□□□

ミラーリングのRAIDレベルはどれですか？　1つ選択してください。

A. 1 　　　　　　　　　　　　**B.** 0
C. 2 　　　　　　　　　　　　**D.** 0+1

問題 42 　□□□

ボリュームグループのサイズが不足している場合に、論理ボリューム内のファイルシステムサイズを拡張するための手順はどれですか？　1つ選択してください。

A. pvcreate → vgextend → lvextend → resize2fs
B. vgextend → pvcreate → resize2fs → lvextend
C. pvcreate → lvextend → vgextend → resize2fs
D. resize2fs → lvextend → vgextend → pvcreate

問題 43 　□□□

「lvextend -L +500M /dev/testvg/lv01」コマンドを実行し、コマンドは正常に終了しました。この後、/dev/testvg/lv01のサイズに合わせて、既存データはそのままにファイルシステムのサイズを拡張するコマンドはどれですか？　1つ選択してください。

模試

模擬試験

215

A. resize2fs /dev/testvg/lv01　　　**B.** tune2fs /dev/testvg/lv01

C. mke2fs /dev/testvg/lv01　　　**D.** dumpe2fs /dev/testvg/lv01

問題 44 ☐☐☐

カーネルのueventと、udevルールによって処理されるイベントを監視し、デバイスパスを表示するコマンドはどれですか？　1つ選択してください。

A. udevadm trigger　　　**B.** udevadm monitor

C. udevd control　　　**D.** udevd info

問題 45 ☐☐☐

ディスクパーティションのUUIDを調べたいと思います。どのディレクトリの下を調べればよいですか？　1つ選択してください。

A. /dev/uuid/disk　　　**B.** /dev/id/disk

C. /dev/disk/by-uuid　　　**D.** /dev/disk/by-id

問題 46 ☐☐☐

内部ネットワークのIPアドレスが192.168.1.254のルータがあり、このルータは外部ネットワークにも接続しています。IPアドレスが192.168.1.1のホスト上で、このルータをデフォルトルータに設定するコマンドはどれですか？　2つ選択してください。

A. ifconfig route default gw 192.168.1.254

B. ip route add default via 192.168.1.254

C. route add default gw 192.168.1.254

D. iptables -A route default gw 192.168.1.254

問題 47 ☐☐☐

あるホストで「netstat -nr」コマンドを実行したところ次のように表示されました。192.168.1.0へのルートを削除するコマンドはどれですか？　2つ選択してください。

実行例

```
# netstat -nr
Kernel IP routing table
Destination     Gateway         Genmask         Flags   MSS Window irtt Iface
192.168.1.0     172.17.255.253  255.255.255.0   UG        0 0          0 eth0
172.17.0.0      0.0.0.0         255.255.0.0     U         0 0          0 eth0
0.0.0.0         172.17.255.254  0.0.0.0         UG        0 0          0 eth0
```

A. ifconfig route del 192.168.1.0/24

B. route del 192.168.1.0

C. route del -net 192.168.1.0/24

201試験

    D. ip route del 192.168.1.0/24

    E. iptables -D route del 192.168.1.0/24

問題 48 □ □ □

特定のホストから特定のサービスへのアクセスを拒否する設定を、TCP Wrapperの設定ファイル/etc/hosts.denyによって行いましたが有効になりません。考えられる原因は何ですか？
2つ選択してください。

    A. /etc/hosts.allowで許可している

    B. iptablesで許可している

    C. /etc/xinetd.dディレクトリ以下の設定ファイルで許可している

    D. サーバがTCP Wrapperライブラリlibwrap.soをリンクしていない

問題 49 □ □ □

特定のネットワークのパケットを、接続しているインタフェースを指定してモニタするコマンドはどれですか？　1つ選択してください。

    A. nmap   **B.** tcpdump

    C. netstat   **D.** route

問題 50 □ □ □

/etc/hostsの正しい記述はどれですか？　1つ選択してください。

    A. host01 1.1.168.192.in-addr.arpa

    B. 1.1.168.192.in-addr.arpa host01

    C. host01 192.168.1.1

    D. 192.168.1.1 host01

問題 51 □ □ □

名前解決に利用されるファイルはどれですか？　3つ選択してください。

    A. /etc/hosts   **B.** /etc/inittab

    C. /etc/fstab   **D.** /etc/resolv.conf

    E. /etc/nsswitch.conf

問題 52 □ □ □

DNSサーバのパフォーマンスをチェックするため、まずはDNSサーバからの応答時間を調べたいと考えています。オプションなしで、名前解決する時間を計測するコマンドは何ですか？
コマンド名を記述してください。

問題 53

カーネルメモリにキャッシュされた同一LAN上のホストのIPアドレスとMACアドレスを表示するコマンドは何ですか？　2つ選択してください。

A. arp
B. route
C. ip neigh show
D. netstat

問題 54

次の表示はtcpdumpコマンドを実行した結果です。クライアントが利用したサーバのポート番号はどれですか？　1つ選択してください。

実行結果

```
23:11:15.020540 IP 172.16.210.221.32839 > 172.16.0.254.53: 49783+A? www.lpic.com. (30)
23:11:15.021310 IP 172.16.0.254.53 > 172.16.210.221.32839: 497831/2/2 A 209.61.212.79 (129)
```

A. 32839
B. 53
C. 30
D. 129

問題 55

次の表示はtcpdumpコマンドを実行した結果です。クライアントのIPアドレスは何ですか？記述してください。

実行結果

```
08:42:30.946741 172.16.32.17.32781 > 172.16.32.16.ssh: S
590546326:590546326(0) win 5840 <mss 1460 sackOK,timestamp 29359 0 nop,wscale 0> (DF)
08:42:30.946863 172.16.32.16.ssh > 172.16.32.17.32781: S
2878684486:287684486(0) ack 590546327 win 5792 <mss 1460,sackOK,timestamp 79596
29359,nop,wscale 0> (DF)
08:42:30.946883 172.16.32.17.32781 > 172.16.32.16.ssh: . ack 1 win 65840
<nop,nop,timestamp 79596 29359> (DF)
08:42:30.947702 172.16.32.16.ssh > 172.16.32.17.32781: P 1:26(25) ack 1 win 5792
<nop,nop,timestamp 79596 29359> (DF)
```

問題 56

ユーザyukoがアプリケーションのソースをコンパイルし、インストールしようとしています。root権限がないためデフォルトの/usr/localの下にはインストールできないので、ホームディレクトリの下に作成した/home/yuko/appliにインストールすることにしました。コマンドラインの下線部に指定するオプションはどれですか？　1つ選択してください。

実行例

```
$ ./configure _____=/home/yuko/appli ; make; make install
```

A. --prefix　　　　　　　　　　**B.** --bindir

C. --libdir　　　　　　　　　　**D.** --mandir

問題 57 □□□

GNU makeは-fオプションで指定したファイルを参照し、そこに記述された手順に従ってターゲットを生成します。この-fオプションを指定せずにmakeコマンドを実行しターゲットを生成した場合に、参照されるファイルはどれですか？　1つ選択してください。

A. Makefile.in、Makefile　　　　**B.** makefile.in、makefile

C. GNUconfigure、configure　　**D.** GNUmakefile、makefile、Makefile

問題 58 □□□

コンソールからログインする時に、ログインプロンプトの前に表示されるメッセージを格納しているファイルは何ですか？　絶対パスで記述してください。

問題 59 □□□

smartdはどのデバイスの情報を収集しますか？　1つ選択してください。

A. ハードディスク　　　　　　　**B.** テープデバイス

C. CPU　　　　　　　　　　　　**D.** メモリ

問題 60 □□□

/etc/syslog.confを編集しました。編集内容を有効にして正しくログを取るにはどうすればよいですか？　最も適切なものを1つ選択してください。

A. kill -HUP syslogのPID

B. kill -INT syslogのPID

C. システムを再起動する

D. 編集しただけで有効になるので何もする必要はない

201試験

模擬試験の解答と解説

問題 1

《解説》waはI/O待ちの時間を表すフィールドです。 waの比率が高くなるのは計算主体のプロセスではなく、 I/O主体のプロセスなので、 選択肢Cは誤りです。

《答え》A、 B、 D

問題 2

《解説》1秒当たりの割り込みのフィールドはinで、問題文の表示内容では3149回です。 したがって選択肢Aは誤りです。
ブロックデバイスから読み込まれた1秒間の平均量のフィールドはbiで、問題文の表示内容では1599ブロックです。 したがって選択肢Bは誤りです。

《答え》C、 D

問題 3

《解説》カーネルコード実行時間の割合のフィールドはsyで、問題文の表示内容では3%です。したがって選択肢Cは誤りです。 カーネルコード以外の実行時間の割合のフィールドはusで、問題文の表示内容では10%です。 したがって選択肢Dは誤りです。

《答え》A、 B

問題 4

《解説》「3 users」は現在ログインしているユーザ数で、 /etc/passwdに登録されたユーザ数ではないので、選択肢Bは誤りです。

《答え》A、 C、 D

問題 5

《解説》予想される同時接続数が多いほど、プロセッサの処理速度、プロセッサ数、メモリ容量は大きくする必要があります。 したがって、 選択肢Aは正解です。
動画や画像、音声などを多数扱う場合は、テキストベースの場合にくらべて、大容量の

220

201試験

ストレージや高速な処理が必要です。したがって、選択肢Cは正解です。

静的なコンテンツを扱うHTML主体の場合にくらべて、対話的な処理や動的処理をするプログラミング言語の場合は、プロセッサの処理速度、プロセッサ数、メモリ容量は大きくする必要があります。したがって、選択肢Eは正解です。

《答え》A、C、E

問題 6

《解説》実行結果にはhttpdプロセスがオープンしているファイルとネットワークポートが表示されています。これはlsofの実行結果です。

《答え》lsof

問題 7

《解説》ある特定のプロセスとその子プロセスについてはpstreeコマンドで調べることができます。

実行例

```
$ pstree -p 17080
httpd(17080)─┬─httpd(17084)
             ├─httpd(17085)
             └─httpd(17086)
..............（以下省略）...................
```

また、プロセスがオープンしているファイルとネットワークポートの情報はlsofコマンドで調べることができます。

《答え》A、D

問題 8

《解説》collectdはシステムの統計情報を収集し、RRD形式やCSV形式でファイルに格納します。したがって、選択肢Cが正解です。

《答え》C

問題 9

《解説》vmstatコマンドはsysstatパッケージではなく、procpsパッケージに含まれます（Scientific Linux 6.5、SuSE Enterprise Linux 11、Ubuntu 13.04の場合）。したがって、選択肢Aは誤りです。

221

sadfはvmstatで収集したデータではなく、 sarで収集したデータを表示するコマンド
なので選択肢Dは誤りです。

《答え》 B、 C

問題 10

《解説》 sadfが「--」以降に指定したsarオプションにより処理しています。「-P 0」はCPU0の統
計情報、「-r」はメモリの使用状況、「-n DEV」はネットワークインタフェースの統計情
報です。したがって、選択肢Dが正解です。

《答え》 D

問題 11

《解説》 現在いるディレクトリの下にfoo.hは置かれているので、アクセスするためのパス名は
ファイル名のみとなります。したがって、 foo.hの前の「a/arch/x86/include/asm」
および「b/arch/x86/include/asm」の5つのプレフィックスの削除を指定する「-p5」が
正解です。

《答え》 E

問題 12

《解説》 FHS (Filesystem Hierarchy Standard) に準拠する場合は「linux-カーネルバージョン」
ディレクトリを/usr/srcの下に置き、そこへのシンボリックリンク/usr/src/linuxを作
成します。

《答え》 /usr/src/linux

問題 13

《解説》 modules.depファイルには動的にロードされるモジュールのパスと依存するモ
ジュールのパスが格納されています。「depmod -a」コマンドにより作成されます。
modprobeコマンドが参照します。

《答え》 D

222

201試験

問題 14

《解説》/proc/sys/kernel/shmmniファイルの書き換え、またはsysctlコマンドによるカーネルパラメータ値の設定により行うことができます。

共有メモリ関連の主なパラメータには次の3つがあります。使用するデータベースによって値の指定がある場合等に設定します。

●**shmall**：システム全体の共有メモリの最大サイズ
●**shmmax**：プロセスごとの共有メモリの最大サイズ
●**shmmni**：共有メモリの最大セグメント数

《答え》A、C

問題 15

《解説》/etc/sysctl.confファイルに記述することで恒常的にカーネルパラメータの値を設定できます。

《答え》/etc/sysctl.conf

問題 16

《解説》stableはmainlineをベースにバグフィックスされるリリースなので、選択肢Cは誤りです。

《答え》A、B、D

問題 17

《解説》カーネルモジュールをインストールするには「make modules_install」コマンドを実行します。したがって、ターゲットはmodules_installが正解です。

《答え》modules_install

問題 18

《解説》カーネルの設定ファイルの名前は「.config」です。

《答え》.config

問題 19

《解説》ランレベル2のシェルスクリプトは/etc/rc2.dあるいは/etc/rc.d/rc2.dの下に置きます。主要なディストリビューションでは/etc/rc.d/rc2.dが実体のディレクトリ、/etc/rc2.dはそこへのシンボリックリンクとなっていることが多いです。

《答え》/etc/rc2.d(または/etc/rc.d/rc2.d)

問題 20

《解説》各ランレベルに対応したシンボリックリンクとして置かれているシェルスクリプトのリンク先は、/etc/init.dの下のサービス名のファイルです。サービス名がapache2の場合は/etc/init.d/apache2となります。

《答え》/etc/init.d/apache2

問題 21

《解説》カーネル2.6以降では、システム起動時にinitramfs内の/initスクリプトによりルートファイルシステムのマウントが行われます。/initスクリプトは、ブートローダからカーネルに渡されたオプション「root=」で指定されたデバイスを、ルートファイルシステムとしてマウントします。したがって、ブートローダでカーネルに渡すオプション「root=」を正しく指定する必要があります。

ルートデバイスを正しく指定しなかった場合や、ルートファイルシステムの重大な障害等の理由で、initrdあるいはinitramfsによるルートファイルシステムがマウントできなかった場合は、以降の処理を継続できないのでカーネルパニックとなります。

《答え》B

問題 22

《解説》linuxで始まる行で、カーネルと引数を指定します。引数にランレベルを追加することで、指定したランレベルで立ち上げることができます。

次の設定例は、ランレベル2で立ち上げています。

設定例

```
linux /boot/vmlinuz-3.9.5 root=/dev/sda1 ro 2
```

《答え》A

201試験

問題 23

《解説》最初に/initが実行されるため、選択肢Bが正解です。

《答え》B

問題 24

《解説》カーネルイメージとinitramfsイメージはセクタアドレスで/boot/mapファイルに記録されています。このため、 liloコマンドでLILOを再インストールすることにより/boot/mapの情報を更新します。

《答え》lilo

問題 25

《解説》grub-installコマンドでGRUBをインストールします。

《答え》D

問題 26

《解説》全起動シーケンスを実行して通常運用のランレベルまで立ち上げるには、「shutdown -r」、「init 6」、「reboot」などのコマンドを実行して再起動します。

《答え》A、B

問題 27

《解説》initプロセス (SysV-init) は/etc/inittabファイルを参照して、立ち上げるランレベル、起動時に実行するシェルスクリプト、ランレベルの変更時に実行するシェルスクリプトなどを決めます。

《答え》/etc/inittab

問題 28

《解説》クライアントにはPXE対応ネットワークインタフェースが必要です。サーバ側にはIPアドレスの割り当てとネットワークブートプログラム (NBP) のファイル名を通知するDHCPサーバ、およびNBPとカーネルのダウンロードのためのTFTPサーバが必要です。

模試

模擬試験の解答と解説

225

《答え》A、B、D

問題 29

《解説》ルートファイルシステムはアンマウントできないので選択肢Aは誤りです。なお、オプションremountを指定すれば、remountはできます。
一般ユーザは、userオプションあるいはusersオプションの指定がないファイルシステムはアンマウントできないので選択肢Bは誤り、選択肢Dは正解です。
スワップパーティションの取り外しはswapoffコマンドで行い、umountコマンドではきないので選択肢Cは誤りです。

《答え》D

問題 30

《解説》EXT4、XFS、BtrfsはLinuxディストリビューションによって標準のファイルシステムとして使われています。VFATとNTFSはMS Windowsで使用されているファイルシステムであり、LinuxではMS Windowsとファイルを共有する目的で使用します。したがって、選択肢A、C、Dが正解です。

《答え》A、C、D

問題 31

《解説》最終フィールドの値が0の場合はfsckを実行しません。

《答え》D

問題 32

《解説》automountデーモンが最初に参照するファイルは/etc/auto.masterです。

《答え》A

問題 33

《解説》キャッシュの内容をディスクに書き込むコマンドはsyncです。

《答え》sync

201試験

問題 34

《解説》ファイルシステムのデータをそのまま残してEXT2からEXT3へ移行するコマンドは tune2fsです。

《答え》tune2fs

問題 35

《解説》CD-ROM用のISOイメージを作成するコマンドはmkisofsです。

《答え》mkisofs

問題 36

《解説》現在のファイルシステムのマウント状態は「cat /etc/mtab」、「cat /proc/mounts」、「mount（引数なしで実行）」で確認できます。

《答え》B、C

問題 37

《解説》/etc/fstabの第4フィールドに「_netdev」オプションを記述すると、システム起動時に RCスクリプトの中で実行される「mount -a -O _netdev」コマンドによってマウントされます。

《答え》_netdev

問題 38

《解説》RAIDの動作している情報は/proc/mdstatファイルに格納されています。「mdadm --detail --scan」コマンドは/proc/mdstatファイルを参照して動作中のRAIDデバイスの詳細情報を表示します。

《答え》B、C

問題 39

《解説》-fあるいは--failオプションによりfaultyフラッグを設定することで、障害発生をエミュレートできます。-fあるいは--failオプションはどの位置で指定しても有効です。選択肢 Cは「--set-faulty」であれば正解ですが、「--faulty」は誤りです。

《答え》A、B

問題 40

《解説》vgextendコマンドはボリュームグループに物理ボリュームを追加することにより、ボリュームグループの容量を拡張するコマンドです。

《答え》A

問題 41

《解説》ミラーリングのRAIDレベルは1です。

《答え》A

問題 42

《解説》ファイルシステムを拡張する手順は次のようになります。
　　　①物理ボリュームを作成(pvcreate)し、ボリュームグループに追加(vgextend)する
　　　②論理ボリュームを拡張(lvextend)した後、ファイルシステムを拡張(resize2fs)する
　　　したがって、選択肢Aが正解です。

《答え》A

問題 43

《解説》resize2fsコマンドは引数で指定した論理ボリュームのサイズに合わせて、既存データはそのままにファイルシステムを拡張します。

《答え》A

問題 44

《解説》udevの管理コマンドudevadmにサブコマンドmonitorを指定して実行すると、カーネルのデバイス検知によるudevイベントの発生から、udevdによるデバイスファイル作成／削除に至るまでの処理シーケンスをモニタすることができます。

《答え》B

228

201試験

問題 45

《解説》/dev/disk/by-uuidディレクトリ以下にディスクパーティションのUUIDをファイル名とするシンボリックリンクが作成され、リンク先はパーティションのデバイスファイルとなります。

《答え》C

問題 46

《解説》デフォルトルートの設定は「ip route add」、あるいは「route add default」コマンドでできます。

《答え》B、C

問題 47

《解説》ルーティングテーブルのエントリの削除は「route del」あるいは「ip route del」コマンドでできます。選択肢Bはネットワークへのルーティングであるのに-netの指定がないことと、192.168.1.0のプレフィックスマスクまたはネットマスクの指定がないためにエラーとなります。したがって、選択肢Cと選択肢Dが正解です。

《答え》C、D

問題 48

《解説》/etc/hosts.allowで許可されている場合は/etc/hosts.denyで拒否していても許可されます。
サービスを提供するサーバプログラムがlibwrap.soを利用していない（リンクしていない）場合は、/etc/hosts.allowと/etc/hosts.denyの設定は参照されません。

《答え》A、D

問題 49

《解説》tcpdumpコマンドは指定したインタフェースのパケットを、プロトコルや宛先アドレス／送信元アドレスにより選別してモニタできます。

《答え》B

模試

模擬試験の解答と解説

229

問題 50

《解説》第1フィールドにIPアドレス、第2フィールドにホスト名を指定した選択肢Dが正しい記述です。

《答え》D

問題 51

《解説》/etc/hostsはホスト自身で名前解決する場合に参照します。/etc/resolv.confはDNSで名前解決する場合に参照します。参照する順番は/etc/nsswitch.confで指定します。

《答え》A、D、E

問題 52

《解説》digコマンドでDNSサーバの応答時間を調べることができます。

《答え》dig

問題 53

《解説》arpキャッシュはarpコマンド、あるいは「ip neigh」コマンドで表示や管理ができます。

《答え》A、C

問題 54

《解説》実行結果が「172.16.0.254.53」と表示されています。したがって、クライアントが利用したサーバポートは53番です。

《答え》B

問題 55

《解説》172.16.32.16.sshと表示されている方がsshサーバで、172.16.32.17.32781と表示されている方がポート32781番のクライアントです。したがって、クライアントのIPアドレスは172.16.32.17です。

《答え》172.16.32.17

201試験

問題 56

《解説》--prefixオプションによりインストールするディレクトリを指定できます。

《答え》A

問題 57

《解説》-fオプションでファイルを指定しなかった場合、GNU makeはGNUmakefile、makefile、Makefileを順に探して、最初に見つけたファイルを参照します。

《答え》D

問題 58

《解説》コンソールからログインする時、ログインプロンプトの前に/etc/issueファイルの内容が表示されます。

《答え》/etc/issue

問題 59

《解説》smartdデーモンはハードディスクのSMART情報を収集します。したがって選択肢Aが正解です。

《答え》A

問題 60

《解説》システムの再起動でも有効になりますが、syslogサーバsyslogdはSIGHUPシグナルを受け取ると設定ファイル/etc/syslog.confを再読み込みします。したがって選択肢の中で最も適切なものは選択肢Aです。

《答え》A

模試

模擬試験の解答と解説

231

執筆者略歴

大竹 龍史（おおたけ りゅうし）

1986年伊藤忠データシステム（現・伊藤忠テクノソリューションズ㈱）入社後、Sun Microsystems社のSunUNIX 3.x、SunOS 4.x、Solaris 2.xを皮切りにOSを中心としたサポートと社内トレーニングを担当。1998年（有）ナレッジデザイン設立。Linux、Solarisの講師および、LPI対応コースの開発／実施。約27年にわたり、OSの中核部分のコンポーネントを中心に、UNIX/Solaris、Linuxなどオペレーティングシステムの研修を主に担当。最近は、Androidアプリケーション開発技術に注力。
著書（共著）に『Linux教科書 LPICレベル1 スピードマスター問題集』（翔泳社刊）、雑誌『日経Linux』（日経BP社刊）での連載LPIC対策記事を執筆。Web『@IT自分戦略研究所』（ITmedia社）での連載LPIC対策記事を執筆。

装丁デザイン： 坂井 正規（志岐デザイン事務所）
本文デザイン・DTP・編集： 株式会社 トップスタジオ

［ワイド版］**Linux**（リナックス）**教科書**
LPIC レベル2 201 スピードマスター問題集
Version 4.0（バージョン）対応

2016年 1月 1日 初版 第1刷発行（オンデマンド印刷版 ver.1.0）

著　　　者	有限会社ナレッジデザイン 大竹龍史
	（ゆうげんがいしゃ ナレッジデザイン おおたけりゅうし）
発 行 人	佐々木 幹夫
発 行 所	株式会社 翔泳社（http://www.shoeisha.co.jp）
印刷・製本	大日本印刷株式会社

©2015 Ryushi Ohtake

＊本書は著作権法上の保護を受けています。本書の一部または全部について（ソフトウェアおよびプログラムを含む）、株式会社翔泳社から文書による許諾を得ずに、いかなる方法においても無断で複写、複製することは禁じられています。

＊本書は『Linux教科書 LPIC レベル2 スピードマスター問題集 Version4.0対応』（ISBN978-4-7981-4101-5）を底本として、その一部を抜出し作成しました。記載内容は底本発行時のものです。底本再現のためオンデマンド版としては不要な情報を含んでいる場合があります。また、底本とは異なる表記・表現の場合があります。予めご了承ください。

＊本書内容へのお問い合わせについては、iiページの記載内容をお読みください。
＊乱丁・落丁はお取り替えいたします。03-5362-3705までご連絡ください。

ISBN978-4-7981-4582-2　　　　　　　　　　　　Printed in Japan